プログレッシブ電磁気学

—マクスウェル方程式からの展開—

水田智史［著］

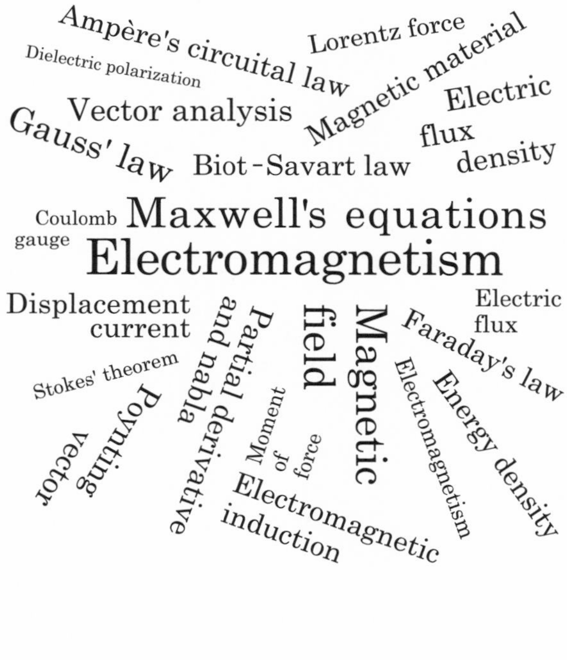
Ampère's circuital law
Lorentz force
Dielectric polarization
Magnetic material
Vector analysis
Electric flux density
Gauss' law
Biot-Savart law
Coulomb gauge
Maxwell's equations
Electromagnetism
Displacement current
Electric flux
Partial derivative and nabla
Magnetic field
Faraday's law
Stokes' theorem
Poynting vector
Moment of force
Electromagnetism
Energy density
Electromagnetic induction

共立出版

まえがき

本書は理工系の学部の授業のために書かれた電磁気学の教科書です．電磁気学の教科書では，最初に歴史にそって実験事実が述べられて，その後に様々な事象を説明するための理論の構築が展開される，という構成がスタンダードであり，高等学校などで最初に電磁気学を学ぶ際には電磁気学を身近に感じ，電磁気学に慣れ親しむという観点から考えて，この順序に従うことが適当であろうと思われます．しかし，筆者の学生時代の経験では，そうして学び終えた後に改めて振り返ってみると，授業で得た知識が断片的で，何かを定量的に導き出そうとしたときに，どの公式を用いたらよいか迷ったり，たとえ公式に代入して計算することができたとしても，どうしてそれで結果が出るのか理解できずに今ひとつ結果に自信がもてなかったり，といったことが少なからずあったように思います．もし，そのような断片的な知識の間の相互関係を明確に理解し，それらを有機的に関係付けることができていれば，先に述べたようなもやもや感も払拭され，それらがもっと生きた知識として身に付いていたであろうという気がします．

そこで本書では，標準的な教科書とは異なる構成をとることにしました．すなわち，電磁気学における基礎方程式であるマクスウェル方程式を出発点として，実験から得られる様々な法則や事象をそこから導き出す，という流れにそった構成です．こうすることで，それらの法則や事象がマクスウェル方程式を中心としてすべて相互に関係しているということが実感としてイメージできるようになるのではないかと期待されます．

近年，参考文献に挙げさせていただいた [1] や [2] など，まだあまり数は多くないものの，同様の枠組みによって書かれた電磁気学の教科書が日本でも出版されるようになってきたようです．特に [2] の筆者の小宮山進先生はマクスウェル方程式を出発点とした電磁気学の教育方法を推奨しておられるようで，賛同者の一人として本書がその流れを推進する一助になれば幸いです．

さて，電磁気学を学ぶうえで数学は必須の道具です．家を建てるときに用いる金槌やノコギリのようなものです．物理学全般に関係する数学については，物理数学などの独立した科目で一通り学習するかと思われますが，本書では第2章に，特に電磁気学に必要なベクトル解析などを一章分の紙面を割いてまとめてあります．多くの教科書では巻末の付録などに掲載され，電磁気学の授業では省略されることが多いと思われる内容です．しかし，この部分をきっちりと修得してから先に進むのとそうでないのとでは，その後の理解度や学習の進み具合がまったく異なってくると思われるため，しっかりと使い方を身に付けてから先に進んでいただきたいと考えて，あえて本文に収めることにしました．その一部は高等学校で，そして大部分は物理数学（またはそれに準じた科目）で学習済みであるか，もしくはいずれ学習することになる内容なので，可能な限り習熟したうえで次に進んでいただければと思います．

ちなみに，第2章をまとめるにあたっては，筆者が学部の学生のころに物理数学の授業で使用していた教科書（参考文献 [3]，現在は第7版が出ているようです）を参考にしました．英語ではありますが，物理数学全般に関する内容がわかりやすく書かれており，大変役に立つ教科書だと思います．また，先に紹介した2冊のほかにも，標準的な構成のものも含めて数多くの優れた電磁気学の教科書がありますが，本書の執筆にあたっては主に参考文献 [4] および [5] を参考にしました．より深い理解を得ようという方は手に取ってご覧になることをお薦めします．なお，参考文献 [5] を含むファインマン物理学シリーズの英語版がカリフォルニア工科大学のサイト[*1]で無料で公開されています．そちらも参考にしてみてください．

最後に，本書の企画を快く承諾していただき，編集作業を進めていただいた共立出版（株）の木村邦光氏，石井徹也氏，ならびに，詳細にわたって原稿を確認していただき，貴重なご意見を頂戴した島田誠氏に厚く感謝の意を表します．

2021 年 春

水田 智史

[*1] https://www.feynmanlectures.caltech.edu/

目次

まえがき i

第1章 電磁気学における基礎方程式 1

1.1 ニュートンの運動方程式 1

1.1.1 速度が従う微分方程式 2

1.1.2 位置座標が従う微分方程式 3

1.2 マクスウェル方程式 4

1.3 電荷とローレンツ力 6

1.3.1 電荷 6

1.3.2 ローレンツ力 6

章末問題 8

第2章 数学的道具立て 9

2.1 ベクトルの内積と外積 9

2.1.1 内積 9

2.1.2 外積 11

2.2 場の概念 14

2.3 偏微分とナブラ 15

2.4 場の偏微分 17

2.4.1 勾配 17

2.4.2 発散 20

2.4.3 回転 24

2.4.4 微小距離だけ離れた位置の場の値 28

章末問題 30

第 3 章　静的な電場 **31**

3.1　静電場に関するマクスウェル方程式 31
3.2　ガウスの定理とガウスの法則 32
3.2.1　ガウスの定理 32
3.2.2　ガウスの法則 34
3.2.3　点電荷が作る電場 35
3.2.4　クーロンの法則 37
3.3　ガウスの法則のほかの応用例 38
3.3.1　球の内部に一様に分布した電荷が作る電場 38
3.3.2　無限に長い直線上に分布した電荷が作る電場 39
3.3.3　広い平板上に一様に分布した電荷が作る電場 40
3.4　分布した電荷が作る電場 41
3.5　電位 43
3.5.1　ポアソン方程式 45
3.5.2　電位の物理的意味 46
3.5.3　ストークスの定理 47
3.5.4　2 点間の電位差 50
3.5.5　等電位面 51
3.6　電気力線 52
3.7　導体 54
3.7.1　電場の中に置いた導体 55
3.7.2　帯電した導体球が作る電場 55
3.8　平行平板キャパシターと静電容量 56
3.8.1　平行平板キャパシター 56
3.8.2　平行平板キャパシターが作る電場 57
3.8.3　平行平板キャパシターの静電容量 58
3.8.4　平行平板キャパシターがもつエネルギー 59
3.9　電場のエネルギー密度 61
章末問題 64

第 4 章　物質のあるところの静電場 **65**

4.1　電気双極子 65

4.1.1 電気双極子が作る電位 65
4.1.2 電気双極子が作る電場 67
4.1.3 電気双極子がもつポテンシャルエネルギー 68
4.1.4 電気双極子が電場から受ける力 68
4.1.5 電気双極子が電場から受ける力のモーメント 70
4.2 誘電体 71
4.2.1 誘電分極 71
4.2.2 分極ベクトル 71
4.2.3 分極電荷の表面電荷密度 73
4.2.4 分極電荷の体積密度 74
4.3 電束密度 75
4.3.1 電束密度に対するガウスの法則 77
4.3.2 誘電体が充填された平行平板キャパシター 78
4.4 誘電体の接触面における境界条件 79
4.4.1 電場に対する境界条件 79
4.4.2 電束密度に対する境界条件 81
章末問題 82

第 5 章 静的な磁場 **83**
5.1 静磁場に関するマクスウェル方程式 83
5.1.1 磁束線 83
5.1.2 電流密度 84
5.1.3 電荷と電流の連続方程式 85
5.2 導線を流れる電流 87
5.2.1 電流素片 87
5.2.2 電流が磁場から受ける力 88
5.3 アンペールの法則 90
5.4 ベクトルポテンシャル 92
5.4.1 クーロンゲージ 92
5.4.2 電流密度が作るベクトルポテンシャル 93
5.5 ビオ・サバールの法則 97

5.5.1 無限に長い直線電流が作る磁束密度—ビオ・サバールの法則から 98
5.5.2 円電流が中心軸上に作る磁束密度 101
5.6 ソレノイドが作る磁束密度 102
5.6.1 磁束密度の方向 102
5.6.2 中心軸上の磁束密度 104
5.6.3 中心軸以外の位置の磁束密度 105
章末問題 107

第 6 章 物質のあるところの静磁場 109

6.1 磁気双極子 109
6.1.1 小さな円電流が作る磁束密度 109
6.1.2 磁気双極子が作るベクトルポテンシャル 114
6.1.3 磁気双極子が磁場から受ける力 115
6.1.4 磁気双極子が磁場から受ける力のモーメント 117
6.1.5 磁気双極子がもつポテンシャルエネルギー 118
6.2 磁化と磁場 120
6.2.1 磁化 120
6.2.2 分子電流 121
6.2.3 磁場 123
6.3 磁性体 125
6.3.1 常磁性体 125
6.3.2 反磁性体 126
6.3.3 強磁性体 126
6.4 物質の接触面における境界条件 128
6.4.1 磁場に対する境界条件 128
6.4.2 磁束密度に対する境界条件 128
章末問題 130

第 7 章 時間に依存した電磁場 131

7.1 電磁誘導とファラデーの法則 131
7.1.1 磁束密度の時間変化に伴う誘導起電力 132

7.1.2 動いている回路に生じる誘導起電力 133
7.1.3 ファラデーの法則 135
7.2 変位電流 136
7.3 インダクタンス 139
7.3.1 自己誘導と自己インダクタンス 139
7.3.2 相互誘導と相互インダクタンス 140
7.3.3 コイルがもつエネルギー 142
7.4 磁場のエネルギー密度 143
7.5 電磁場のエネルギー密度とポインティングベクトル 145
7.6 マクスウェル方程式のポテンシャルによる表現 147
7.6.1 時間に依存する場のポテンシャルによる表現 147
7.6.2 ポテンシャルが満たす方程式 148
章末問題 150

第 8 章 電磁波 153

8.1 自由空間中の電磁場 153
8.1.1 波動方程式 153
8.1.2 波動方程式の解 154
8.2 空間を伝わる電磁場 156
8.2.1 電磁波が伝わる速さ 156
8.2.2 電磁波における電場と磁束密度の関係 158
8.2.3 電磁波のエネルギーの流れ 159
8.3 正弦波 159

付録 163

A.1 ベクトル解析の公式 163
A.2 円電流の周回積分 163

章末問題解答 167

参考文献 184

索引 185

第1章 電磁気学における基礎方程式

物理学ではいわゆる運動方程式が重要な役割を演じている．電磁気学も例外ではない．本章では，力学の復習を通じて運動方程式の重要性を再確認し，電磁気学における運動方程式とも言うべきマクスウェル方程式を紹介する．

1.1 ニュートンの運動方程式

われわれは，質量 m の物体が外から力を受けて運動しているときに，物体に加わる力 F と物体の加速度 a の間に

$$F = ma \tag{1.1}$$

の関係が成り立つことを知っている．読者のみなさんはこの方程式についてどのような認識をおもちだろうか．もちろん，力 F と加速度 a のどちらか一方が与えられたときに，もう一方の値を求めるための関係式，という側面もあり，特に試験問題などではそのように用いることも多いだろう．しかし，それはこの式がもつ内容のほんの一部を捉えているにすぎない．式 (1.1) は力学において最も重要な方程式の 1 つであり，そこから実に様々な知見が得られるのである．そのすべてを取り上げるわけにはいかないが，物理学における基礎方程式の重要性を確認するために，本節では式 (1.1) から導かれるいくつかの事例を紹介する．

まず，力も加速度も大きさに加えて方向と向きをもった**ベクトル**なので，より正確には力および加速度をそれぞれベクトル $\boldsymbol{F}$，$\boldsymbol{a}$ で表して

$$\boldsymbol{F} = m\boldsymbol{a} \tag{1.2}$$

と書く必要がある．式 (1.2) を**ニュートンの運動方程式**という．

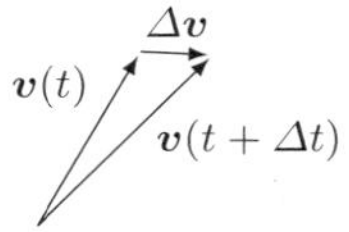

図 1.1　微小時間 Δt に対する速度の変化分 $\Delta \boldsymbol{v}$

ベクトルの表記方法

ベクトルには $\vec{V}$, $\boldsymbol{V}$, $\mathbb{V}$ などの表記の仕方があるが，本書では太字による $\boldsymbol{V}$ を用いる．このとき，特に誤解が生じる恐れがない場合は，ベクトル $\boldsymbol{V}$ の大きさ $|\boldsymbol{V}|$ を太字でない V で表す[*1]．

1.1.1　速度が従う微分方程式

ここで加速度は単位時間あたりの速度の変化率であることを思い出そう．すなわち，**図 1.1** に示すように，時刻 t の速度を $\boldsymbol{v}(t)$ として微小時間 Δt に対する速度の変化分を $\Delta \boldsymbol{v} = \boldsymbol{v}(t+\Delta t) - \boldsymbol{v}(t)$ とおけば，加速度 $\boldsymbol{a}$ は

$$\boldsymbol{a} = \frac{\Delta \boldsymbol{v}}{\Delta t}$$

として定義される．この式は，微小時間 $\Delta t \to 0$ の極限をとることにより

$$\boldsymbol{a} = \frac{\mathrm{d}\boldsymbol{v}}{\mathrm{d}t} \tag{1.3}$$

のように時刻 t に関する微分として表される．

微小量を表す記号

本書では，微小量を表すために記号 Δ を用いる．上の例の $\Delta \boldsymbol{v}$ や Δt など，本書ではこの記号が付いた変数は 0 の極限をとることにより，やがて微分や積分に変換されることを念頭において用いられる．

式 (1.3) を式 (1.2) に代入することにより，速度 $\boldsymbol{v}$ に関する 1 階の微分方程式

$$m\frac{\mathrm{d}\boldsymbol{v}}{\mathrm{d}t} = \boldsymbol{F} \tag{1.4}$$

[*1] 一般にベクトルの大きさは 0 以上であるのに対し，式 (1.1) に現れる F や a は負の値も取り得るので，この場合はそれぞれベクトル $\boldsymbol{F}$, $\boldsymbol{a}$ の大きさではなく，成分を 1 つだけもつ 1 次元のベクトルであると考えればよい．

が導かれる．左辺と右辺を入れ換えたのは，速度 $\boldsymbol{v}$ の変化が右辺の力 $\boldsymbol{F}$ によって引き起こされることを示すためである．ニュートンの運動方程式 (1.2) は力 $\boldsymbol{F}$ と加速度 $\boldsymbol{a}$ の間の単なる関係式ではなく，実は時刻に関する微分方程式だったのである．式 (1.4) の解は両辺を時刻 t で積分して

$$\boldsymbol{v} = \frac{1}{m}\int_0^t \boldsymbol{F}\,\mathrm{d}t + \boldsymbol{v}_0 \tag{1.5}$$

により与えられる．ここで $\boldsymbol{v}_0$ は時刻 $t = 0$ における速度 $\boldsymbol{v}$ の値（初速度）である．なお，式 (1.4) は運動量 $\boldsymbol{p} = m\boldsymbol{v}$ を用いて

$$\frac{\mathrm{d}\boldsymbol{p}}{\mathrm{d}t} = \boldsymbol{F} \tag{1.6}$$

と書くこともできる．式 (1.6) はニュートンの運動方程式の異なる表現の 1 つであり，この形もよく用いられる．

例 1.1 重力による自由落下運動

下図のように，鉛直下向きに x 軸をとる．質点の質量を m，重力加速度の大きさを g とすると，質点に加わる力は $\boldsymbol{F} = (mg, 0, 0)$ と書ける．初速度 $\boldsymbol{v}_0 = 0$ とすれば式 (1.5) より時刻 t における速度 $\boldsymbol{v} = (gt, 0, 0)$ を得る．

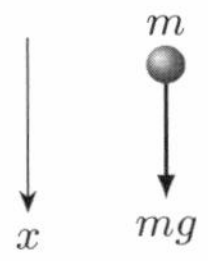

1.1.2 位置座標が従う微分方程式

次に，速度 $\boldsymbol{v}$ が位置 $\boldsymbol{r} = (x, y, z)$ の単位時間あたりの変化率であることから，加速度の場合と同様に微分を用いて

$$\boldsymbol{v} = \frac{\mathrm{d}\boldsymbol{r}}{\mathrm{d}t} \tag{1.7}$$

と表されることを用いると，式 (1.4) より位置 $\boldsymbol{r}$ に関する 2 階の微分方程式

$$m\frac{\mathrm{d}^2\boldsymbol{r}}{\mathrm{d}t^2} = \boldsymbol{F} \tag{1.8}$$

を得る．

例 1.2 バネによる振動

下図のように水平に置かれたバネ係数 k のバネに質量 m の質点がつながれている．ばねが自然長のときの質点の位置を原点として，質点の x 座標を x とおけば質点に加わる力は $\boldsymbol{F} = (-kx, 0, 0)$ と書けるので，式 (1.8) より x に関する 2 階の微分方程式

$$m\frac{\mathrm{d}^2 x}{\mathrm{d}t^2} = -kx \tag{1.9}$$

が導かれる．この方程式の解は a，b を積分定数として

$$x = a\sin\sqrt{\frac{k}{m}}\,t + b\cos\sqrt{\frac{k}{m}}\,t \tag{1.10}$$

で与えられることがわかっているので，初期条件 $x = A$，$\left.\dfrac{\mathrm{d}x}{\mathrm{d}t}\right|_{t=0} = 0$ として解

$$x = A\cos\sqrt{\frac{k}{m}}\,t \tag{1.11}$$

を得る．

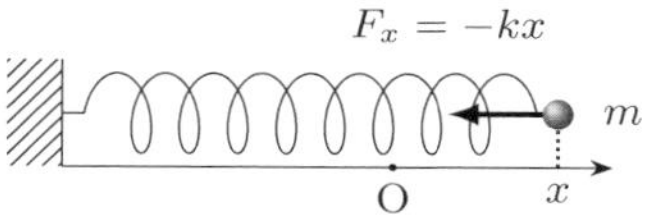

1.2　マクスウェル方程式

ここまで見てきたように，ニュートンの運動方程式 (1.2) は力と加速度の間の単なる関係式ではなく，物体の運動を決めるための基礎方程式としての役割をもっている．これから学んでいく電磁気学においても，ニュートンの運動方程式と同様の役割をもつ基礎方程式が存在する．それがマクスウェル方程式である．ただし，ニュートンの運動方程式が物体の運動を決めるのに対し，マクスウェル方程式は場[*2]の状態や時間変化を決める点が異なっている．

マクスウェル方程式は以下に示す 4 本の方程式の組である．マクスウェル方程式に現れる 2 つの記号‘·’，‘×’は，それぞれ 2 つのベクトル間の**内積**と**外積**を表す記号で，詳しいことは **2.1 節**で学習する．またマクスウェル方程式に

[*2] 場の概念については **2.2 節**で詳しく学習する．

表 1.1　マクスウェル方程式に現れる変数

場の種類	記号	意味	単位
電気に関する場	$\boldsymbol{D}$	電束密度	$\mathrm{C/m^2}$
	$\boldsymbol{E}$	電場	$\mathrm{V/m}$
磁気に関する場	$\boldsymbol{B}$	磁束密度	T
	$\boldsymbol{H}$	磁場	$\mathrm{A/m}$
場を作り出す源	ρ	真電荷の電荷密度	$\mathrm{C/m^3}$
	$\boldsymbol{j}$	真電流の電流密度	$\mathrm{A/m^2}$

現れる変数は**表 1.1** にまとめられている通りである．電場 $\boldsymbol{E}$ を**電場の強さ**，磁場 $\boldsymbol{H}$ を**磁場の強さ**とよぶこともある．また，電束密度 $\boldsymbol{D}$ と電場 $\boldsymbol{E}$ を合わせた電気に関する場を広い意味の電場，磁束密度 $\boldsymbol{B}$ と磁場 $\boldsymbol{H}$ を合わせた磁気に関する場を広い意味の磁場，ということもある．なお，各変数は，一般には位置 $\boldsymbol{r} = (x, y, z)$ および時刻 t の関数なので，正確には例えば $\boldsymbol{E}(\boldsymbol{r}, t)$ と記す必要があるが，誤解を生じる恐れがない場合はカッコの部分を省略して単に $\boldsymbol{E}$ のように表記する．

マクスウェル方程式

$$\boldsymbol{\nabla} \cdot \boldsymbol{D} = \rho \tag{1.12}$$

$$\boldsymbol{\nabla} \times \boldsymbol{E} = -\frac{\partial \boldsymbol{B}}{\partial t} \tag{1.13}$$

$$\boldsymbol{\nabla} \cdot \boldsymbol{B} = 0 \tag{1.14}$$

$$\boldsymbol{\nabla} \times \boldsymbol{H} = \boldsymbol{j} + \frac{\partial \boldsymbol{D}}{\partial t} \tag{1.15}$$

これから学んでいく電磁気学の内容は，基本的にこのマクスウェル方程式を基にして組み立てられていくことになる．力学における基礎方程式は 1 本のニュートンの運動方程式 (1.2) であったのに対し，マクスウェル方程式は 4 本の方程式から構成されており，かつ，方程式に現れる変数は互いに関係し合っているため，ニュートンの運動方程式のように簡単に解くことはできない．その分，マクスウェル方程式から得られる知見がバラエティーに富んだものになるのであるが，それらをうまく引き出すためには次章で取り上げる数学的な道具を使いこなす必要がある．

1.3　電荷とローレンツ力

マクスウェル方程式に加えて，電磁気学を学んでいくうえで必要な基本的な事項がいくつかある．これらはマクスウェル方程式とは独立しており，マクスウェル方程式から導き出されるものではないので，ここにまとめておこう．

1.3.1　電荷

電磁気学において力学における質量に対応するものが**電荷**である．電荷は物質がもつ電気的な性質の強さを表す量で，単位は [C]（クーロン）である．電荷には正の電荷と負の電荷があり，原子核の構成要素である陽子は $+e$ の電荷をもち，電子は $-e$ の電荷をもっている．ここで e は**電気素量**あるいは**素電荷**とよばれる量で，その値は $e = 1.6021766341 \times 10^{-19}$ C である．これまで電気素量より小さな電荷は単独では観測されておらず，電気量は電気素量の正または負の整数倍となる．ただし，電気素量は非常に小さいため，電荷 q といったときには通常は q を連続した量として扱う．また，大きさが無視できるくらい小さな領域に電荷が閉じ込められている場合，それを**点電荷**とよぶ．

1.3.2　ローレンツ力

電場や磁場は直接，目で見ることはできない．それではそれらをどのように定義したらよいだろうか．物体に加わる力は適当な機器を用いて測定することが可能なので，そのことを利用することができる．すなわち，**図 1.2** 左のように電荷 q をもつ静止した物体に力 $\boldsymbol{F}$ が加わったとき，単位電荷あたりの力 $\boldsymbol{F}/q$ をその位置における電場 $\boldsymbol{E}$ と定義する．見方を変えると，電場 $\boldsymbol{E}$ の中にある電荷 q には

$$\boldsymbol{F} = q\boldsymbol{E} \tag{1.16}$$

の力が加わることになる．

一方，速度 $\boldsymbol{v}$ で運動する電荷 q をもった物体に，図 1.2 右のように $\boldsymbol{v}$ に比例した大きさをもち，$\boldsymbol{v}$ に垂直な力 $\boldsymbol{F}$ が加わるとき，これを

$$\boldsymbol{F} = q\boldsymbol{v} \times \boldsymbol{B} \tag{1.17}$$

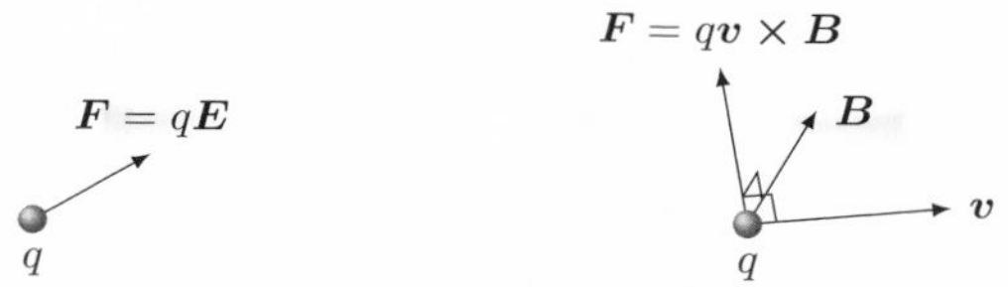

静止した電荷 q に加わる力　　速度 $\boldsymbol{v}$ で運動する電荷 q に加わる力

図 1.2　ローレンツ力

と表して，ベクトル $\boldsymbol{B}$ をその位置の磁束密度と定義する．磁束密度の単位は [T]（テスラ）である．記号‘×’は先にも述べたように 2 つのベクトル間の外積であり，詳しくは 2.1 節で学習する内容であるが，それまでは運動する電荷にこのように表される力が加わる，ということで了解しておいて欲しい．

式 (1.16) および式 (1.17) で記述される 2 つの力を合わせたものを**ローレンツ力**とよぶ．すなわち

ローレンツ力

$$\boldsymbol{F} = q(\boldsymbol{E} + \boldsymbol{v} \times \boldsymbol{B}) \tag{1.18}$$

である．なお，磁束密度 $\boldsymbol{B}$ のみを含む式 (1.17) を，ローレンツ力とよぶこともある．また，電束密度 $\boldsymbol{D}$ と磁場 $\boldsymbol{H}$ は後述するように，それぞれ電場 $\boldsymbol{E}$，磁束密度 $\boldsymbol{B}$ と関係しているので，それらを通じて定義することができる．

章末問題

1-1 例 1.1 において，初期位置を $\boldsymbol{r}_0 = (0,0,0)$ としたときの時刻 t における位置 $\boldsymbol{r}$ を求めよ．

1-2 座標 x に関する微分方程式 (1.9) をラプラス変換*3を利用して解け．

1-3 鉄原子は 1 個あたり 26 個の陽子および同数の電子をもっている．また，アボガドロ定数 $N_{\mathrm{A}} = 6.02 \times 10^{23}$ 個の鉄原子の合計の質量は 55.845 g である．鉄 1 g がもつ正電荷および負電荷の量をそれぞれ求めよ．

*3 ラプラス変換についての詳細は，参考文献 [3] などを参照せよ．

第2章 数学的道具立て

本章では，これからマクスウェル方程式を扱っていくうえで必要となる，数学の道具について学習する．そのいくつかは高等学校までの数学や物理で学習済みであり，ほかの部分も大学のほかの授業で扱われるはずのものである．これらは家を建てるときに用いる金槌やノコギリのようなものであるから，しっかりと使いこなせるようにしておくことが必要である．

2.1 ベクトルの内積と外積

マクスウェル方程式 (1.12)〜(1.15) に現れる変数はベクトルによって表されている．ベクトルは大きさに加えて方向と向きをもった量であり，2 つのベクトルの間には内積と外積という 2 通りの積が定義できる．

2.1.1 内積

2 つのベクトル $\boldsymbol{\alpha} = (\alpha_x, \alpha_y, \alpha_z)$，$\boldsymbol{\beta} = (\beta_x, \beta_y, \beta_z)$ に対して，

$$\boldsymbol{\alpha} \cdot \boldsymbol{\beta} = \alpha_x \beta_x + \alpha_y \beta_y + \alpha_z \beta_z \tag{2.1}$$

をベクトル $\boldsymbol{\alpha}$，$\boldsymbol{\beta}$ の**内積**（または**スカラー積**）という．内積は，任意のベクトル $\boldsymbol{\alpha}$，$\boldsymbol{\beta}$，$\boldsymbol{\gamma}$ と定数 λ について次の性質をもつことが容易に確かめられる．

■内積の性質

(a) $\boldsymbol{\alpha} \cdot \boldsymbol{\alpha} = \alpha^2$

(b) $\boldsymbol{\alpha} \cdot \boldsymbol{\beta} = \boldsymbol{\beta} \cdot \boldsymbol{\alpha}$

(c) $(\boldsymbol{\alpha} + \boldsymbol{\beta}) \cdot \boldsymbol{\gamma} = \boldsymbol{\alpha} \cdot \boldsymbol{\gamma} + \boldsymbol{\beta} \cdot \boldsymbol{\gamma}$

(d) $(\lambda \boldsymbol{\alpha}) \cdot \boldsymbol{\beta} = \boldsymbol{\alpha} \cdot (\lambda \boldsymbol{\beta}) = \lambda (\boldsymbol{\alpha} \cdot \boldsymbol{\beta})$

◆ **練習問題** 2.1　内積の性質 (a)〜(d) が成り立つことを示せ.

ここで，**図2.1** のようにベクトル $\boldsymbol{\alpha}$，$\boldsymbol{\beta}$ のなす角を θ とすると，ベクトルの始点とそれぞれの終点がなす三角形に余弦定理を適用することにより

$$\begin{aligned}
&\alpha\beta\cos\theta \\
&\quad= \frac{\alpha^2+\beta^2-|\boldsymbol{\alpha}-\boldsymbol{\beta}|^2}{2} \\
&\quad= \frac{\alpha_x^2+\alpha_y^2+\alpha_z^2+\beta_x^2+\beta_y^2+\beta_z^2-\left\{(\alpha_x-\beta_x)^2+(\alpha_y-\beta_y)^2+(\alpha_z-\beta_z)^2\right\}}{2} \\
&\quad= \alpha_x\beta_x+\alpha_y\beta_y+\alpha_z\beta_z
\end{aligned} \tag{2.2}$$

と計算できるので，

$$\boldsymbol{\alpha}\cdot\boldsymbol{\beta} = \alpha\beta\cos\theta \tag{2.3}$$

と表すこともできる．これより，互いに直交した 2 つのベクトル $\boldsymbol{\alpha}$，$\boldsymbol{\beta}$ に対しては内積 $\boldsymbol{\alpha}\cdot\boldsymbol{\beta}=0$ であることが導かれる．

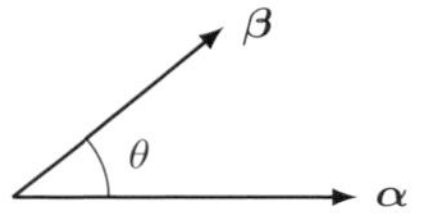

図 2.1　ベクトル $\boldsymbol{\alpha}$，$\boldsymbol{\beta}$ とそのなす角

例 2.1 運動量と直角に力が加わる物体の運動

質量 m の物体が運動量 $\boldsymbol{p}$ をもって運動しているとき

$$K = \frac{p^2}{2m} \tag{2.4}$$

によって与えられる量 K を**運動エネルギー**という．内積の性質 (a) より $p^2=\boldsymbol{p}\cdot\boldsymbol{p}$ であることに留意して両辺を時刻 t で微分すると

$$\frac{\mathrm{d}K}{\mathrm{d}t} = \frac{1}{2m}\frac{\mathrm{d}}{\mathrm{d}t}(\boldsymbol{p}\cdot\boldsymbol{p}) = \frac{1}{2m}\left(\frac{\mathrm{d}\boldsymbol{p}}{\mathrm{d}t}\cdot\boldsymbol{p}+\boldsymbol{p}\cdot\frac{\mathrm{d}\boldsymbol{p}}{\mathrm{d}t}\right) = \frac{1}{m}\boldsymbol{p}\cdot\frac{\mathrm{d}\boldsymbol{p}}{\mathrm{d}t}$$

となるので，運動方程式 (1.6) を代入して

$$\frac{\mathrm{d}K}{\mathrm{d}t} = \frac{1}{m}\boldsymbol{p}\cdot\boldsymbol{F} \tag{2.5}$$

を得る．物体の運動量 $\boldsymbol{p}$ と物体に加わる力 $\boldsymbol{F}$ が直交する場合は $\boldsymbol{p}\cdot\boldsymbol{F}=0$ であるから，運動エネルギー K は時間的に変化せず，一定に保たれることがわかる．

2.1.2　外積

2 つのベクトル $\boldsymbol{\alpha}=(\alpha_x,\alpha_y,\alpha_z)$，$\boldsymbol{\beta}=(\beta_x,\beta_y,\beta_z)$ に対して，

$$\boldsymbol{\alpha}\times\boldsymbol{\beta}=(\alpha_y\beta_z-\alpha_z\beta_y,\alpha_z\beta_x-\alpha_x\beta_z,\alpha_x\beta_y-\alpha_y\beta_x) \tag{2.6}$$

をベクトル $\boldsymbol{\alpha}$，$\boldsymbol{\beta}$ の**外積**（または**ベクトル積**）という．ベクトルの内積は単なる数であるのに対し，外積はベクトルであることに注意しよう．外積は，任意のベクトル $\boldsymbol{\alpha}$，$\boldsymbol{\beta}$，$\boldsymbol{\gamma}$ と定数 λ について次の性質をもつことが容易に確かめられる．

■外積の性質

(a)　$\boldsymbol{\alpha}\times\boldsymbol{\alpha}=0$

(b)　$\boldsymbol{\alpha}\times\boldsymbol{\beta}=-\boldsymbol{\beta}\times\boldsymbol{\alpha}$

(c)　$(\boldsymbol{\alpha}+\boldsymbol{\beta})\times\boldsymbol{\gamma}=\boldsymbol{\alpha}\times\boldsymbol{\gamma}+\boldsymbol{\beta}\times\boldsymbol{\gamma}$

(d)　$(\lambda\boldsymbol{\alpha})\times\boldsymbol{\beta}=\boldsymbol{\alpha}\times(\lambda\boldsymbol{\beta})=\lambda(\boldsymbol{\alpha}\times\boldsymbol{\beta})$

(e)　$|\boldsymbol{\alpha}\times\boldsymbol{\beta}|^2=\alpha^2\beta^2-(\boldsymbol{\alpha}\cdot\boldsymbol{\beta})^2$

◆ **練習問題** 2.2　外積の性質 (a)〜(e) が成り立つことを示せ．

外積 $\boldsymbol{\alpha}\times\boldsymbol{\beta}$ がどのようなベクトルなのか，詳しく見てみよう．まず，ベクトル $\boldsymbol{\alpha}$，$\boldsymbol{\beta}$ とその外積 $\boldsymbol{\alpha}\times\boldsymbol{\beta}$ との内積をそれぞれ定義に従って計算すると

$$\boldsymbol{\alpha}\cdot(\boldsymbol{\alpha}\times\boldsymbol{\beta})=\alpha_x(\alpha_y\beta_z-\alpha_z\beta_y)+\alpha_y(\alpha_z\beta_x-\alpha_x\beta_z)+\alpha_z(\alpha_x\beta_y-\alpha_y\beta_x)=0,$$
$$\boldsymbol{\beta}\cdot(\boldsymbol{\alpha}\times\boldsymbol{\beta})=\beta_x(\alpha_y\beta_z-\alpha_z\beta_y)+\beta_y(\alpha_z\beta_x-\alpha_x\beta_z)+\beta_z(\alpha_x\beta_y-\alpha_y\beta_x)=0$$

のように，どちらも 0 となるので，外積 $\boldsymbol{\alpha}\times\boldsymbol{\beta}$ はベクトル $\boldsymbol{\alpha}$，$\boldsymbol{\beta}$ の両方に垂直な方向を向いていることがわかる．次に特殊な場合として**図 2.2** のように，

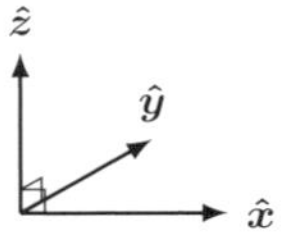

図 2.2　各軸方向正の向きの単位ベクトル

ベクトル $\boldsymbol{\alpha}$，$\boldsymbol{\beta}$ に対して，それぞれ x 軸方向，y 軸方向の正の向きの単位ベクトル $\hat{\boldsymbol{x}} = (1, 0, 0)$，$\hat{\boldsymbol{y}} = (0, 1, 0)$ をとると，その外積は

$$\hat{\boldsymbol{x}} \times \hat{\boldsymbol{y}} = (0, 0, 1)$$

となり，z 軸方向の正の向きの単位ベクトル $\hat{\boldsymbol{z}}$ に一致することから，一般に外積 $\boldsymbol{\alpha} \times \boldsymbol{\beta}$ の向きは**図 2.3** に示すように，$\boldsymbol{\alpha}$ から $\boldsymbol{\beta}$ に右ねじを回したときのねじの進む方向であることがわかる．なお，$\hat{\boldsymbol{x}}$，$\hat{\boldsymbol{y}}$，$\hat{\boldsymbol{z}}$ に対するほかの組み合わせについてもその外積の結果を記しておくと

$$\hat{\boldsymbol{x}} \times \hat{\boldsymbol{x}} = \hat{\boldsymbol{y}} \times \hat{\boldsymbol{y}} = \hat{\boldsymbol{z}} \times \hat{\boldsymbol{z}} = 0, \tag{2.7}$$

$$\hat{\boldsymbol{x}} \times \hat{\boldsymbol{y}} = -\hat{\boldsymbol{y}} \times \hat{\boldsymbol{x}} = \hat{\boldsymbol{z}}, \quad \hat{\boldsymbol{y}} \times \hat{\boldsymbol{z}} = -\hat{\boldsymbol{z}} \times \hat{\boldsymbol{y}} = \hat{\boldsymbol{x}}, \quad \hat{\boldsymbol{z}} \times \hat{\boldsymbol{x}} = -\hat{\boldsymbol{x}} \times \hat{\boldsymbol{z}} = \hat{\boldsymbol{y}} \tag{2.8}$$

のようになる．

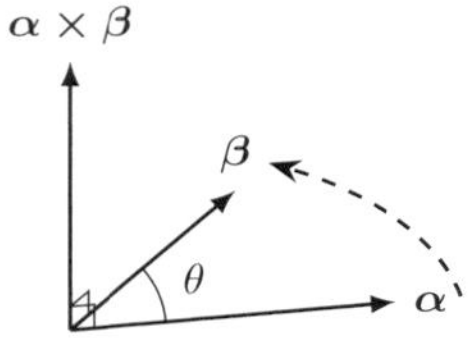

図 2.3　ベクトル $\boldsymbol{\alpha}$，$\boldsymbol{\beta}$ とその外積 $\boldsymbol{\alpha} \times \boldsymbol{\beta}$

一方，外積の性質 (e) から，式 (2.3) を用いると

$$\begin{aligned} |\boldsymbol{\alpha} \times \boldsymbol{\beta}|^2 &= \alpha^2\beta^2 - (\boldsymbol{\alpha} \cdot \boldsymbol{\beta})^2 \\ &= \alpha^2\beta^2 - \alpha^2\beta^2 \cos^2\theta \\ &= \alpha^2\beta^2 \sin^2\theta \end{aligned}$$

と計算できるので，$0 \leq \theta \leq \pi$ より $\sin\theta \geq 0$ を考えて外積の大きさに対して

$$|\boldsymbol{\alpha} \times \boldsymbol{\beta}| = \alpha\beta\sin\theta \tag{2.9}$$

という関係式が得られる．これより，ベクトル $\boldsymbol{\alpha}$，$\boldsymbol{\beta}$ が平行 $(\theta = 0)$ または反平行 $(\theta = \pi)$ であるときは外積 $\boldsymbol{\alpha} \times \boldsymbol{\beta} = 0$ となることがすぐわかる．

♦ **練習問題** 2.3　式 (2.9) より，外積 $\boldsymbol{\alpha} \times \boldsymbol{\beta}$ の大きさは 2 つのベクトル $\boldsymbol{\alpha}$，$\boldsymbol{\beta}$ により作られる平行四辺形の面積に等しいことを示せ．

■外積の計算方法　外積の定義式 (2.6) の右辺は，行列式を用いた方法

$$\begin{aligned} \boldsymbol{\alpha} \times \boldsymbol{\beta} &= \begin{vmatrix} \hat{\boldsymbol{x}} & \hat{\boldsymbol{y}} & \hat{\boldsymbol{z}} \\ \alpha_x & \alpha_y & \alpha_z \\ \beta_x & \beta_y & \beta_z \end{vmatrix} \\ &= (\alpha_y\beta_z - \alpha_z\beta_y)\hat{\boldsymbol{x}} + (\alpha_z\beta_x - \alpha_x\beta_z)\hat{\boldsymbol{y}} + (\alpha_x\beta_y - \alpha_y\beta_x)\hat{\boldsymbol{z}} \end{aligned}$$

や，単位ベクトルで分解した $\boldsymbol{\alpha}$，$\boldsymbol{\beta}$ の表記を用いて

$$\boldsymbol{\alpha} \times \boldsymbol{\beta} = (\alpha_x\hat{\boldsymbol{x}} + \alpha_y\hat{\boldsymbol{y}} + \alpha_z\hat{\boldsymbol{z}}) \times (\beta_x\hat{\boldsymbol{x}} + \beta_y\hat{\boldsymbol{y}} + \beta_z\hat{\boldsymbol{z}}) \tag{2.10}$$

より計算する方法などがあるが，ここでは図を用いたもう少し簡便な方法を紹介しておこう．

まず**図 2.4** のように，'x'，'y'，'z' を矢印曲線によって結んだ図を描く．次に，外積 $\boldsymbol{\alpha} \times \boldsymbol{\beta}$ の 'x' 成分であれば，図の 'x' から $y \to z$ とたどって $\boldsymbol{\alpha}$ の y 成分，$\boldsymbol{\beta}$ の z 成分を並べて $\alpha_y\beta_z$ と書き出し，そこから y，z を入れ換えた $\alpha_z\beta_y$ を引いて $\alpha_y\beta_z - \alpha_z\beta_y$ とする．同様に，'y' 成分は 'y' から $z \to x$ とたどった $\alpha_z\beta_x$ から z，x を入れ換えた $\alpha_x\beta_z$ を引いて $\alpha_z\beta_x - \alpha_x\beta_z$ となり，z 成分は $\alpha_x\beta_y - \alpha_y\beta_x$ となる．

♦ **練習問題** 2.4　式 (2.10) が外積の定義 (2.6) に一致することを示せ．

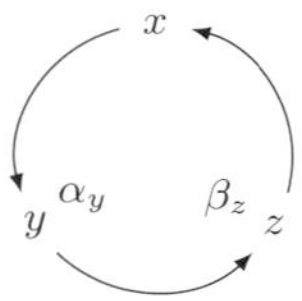

外積 $\boldsymbol{\alpha} \times \boldsymbol{\beta}$ の x 成分は $y \to z$ の順に $\boldsymbol{\alpha}$ の y 成分，$\boldsymbol{\beta}$ の z 成分を並べた $\alpha_y\beta_z$ から，y, z を入れ換えた $\alpha_z\beta_y$ を引いて $\alpha_y\beta_z - \alpha_z\beta_y$ となる．

図 2.4　図示による外積 $\boldsymbol{\alpha} \times \boldsymbol{\beta}$ の求め方

例 2.2 角運動量

外積に関連した力学の例を見てみよう．運動している物体の位置を $\boldsymbol{r}$，運動量を $\boldsymbol{p}$ としたとき

$$\boldsymbol{L} = \boldsymbol{r} \times \boldsymbol{p} \tag{2.11}$$

をその物体の（原点 O の周りの）**角運動量**という．外積にも積の微分法則が適用できることを利用して（ただし，積の順番を変えてはいけない）両辺を時刻 t で微分すると

$$\frac{\mathrm{d}\boldsymbol{L}}{\mathrm{d}t} = \frac{\mathrm{d}\boldsymbol{r}}{\mathrm{d}t} \times \boldsymbol{p} + \boldsymbol{r} \times \frac{\mathrm{d}\boldsymbol{p}}{\mathrm{d}t}$$

となる．ここで $\mathrm{d}\boldsymbol{r}/\mathrm{d}t = \boldsymbol{v}$，$\boldsymbol{p} = m\boldsymbol{v}$ より $\mathrm{d}\boldsymbol{r}/\mathrm{d}t \parallel \boldsymbol{p}$ となることから右辺第 1 項は消える．さらに運動方程式 (1.6) より $\mathrm{d}\boldsymbol{p}/\mathrm{d}t$ を物体に加わる力 $\boldsymbol{F}$ に置き換えると

$$\frac{\mathrm{d}\boldsymbol{L}}{\mathrm{d}t} = \boldsymbol{r} \times \boldsymbol{F} \tag{2.12}$$

を得る．この式の右辺に現れるベクトル

$$\boldsymbol{N} = \boldsymbol{r} \times \boldsymbol{F} \tag{2.13}$$

を**力のモーメント**（または**トルク**）とよぶ．力のモーメントは物体を回転させるはたらきをもつ力として作用する．太陽の周りを回転する地球の運動（この場合，太陽を原点に設定する）など，$\boldsymbol{r} \parallel \boldsymbol{F}$ が成り立つ場合は $\boldsymbol{r} \times \boldsymbol{F} = 0$ となるので，式 (2.12) から角運動量 $\boldsymbol{L}$ が一定に保たれることがわかる．

2.2　場の概念

物体を対象とした力学と電磁気学が大きく異なるの点の 1 つとして，電磁気学は電場や磁場などの場を対象とした学問である，ということが挙げられる．本節では，身近な例によって場の概念を説明する．

平均海面から測った土地の高さを標高という．**図 2.5** は標高を濃淡図で表し

たもので，明るい色ほど標高が高いことを示す．図中の曲線は等しい標高の地点を結んでできる等高線である．標高は各地点ごとに決まっているので，図のように地図上に xy 軸を設定すれば，各地点の標高は座標 (x, y) の関数として $h(x, y)$ と表すことができる．このように，物理量（今の例では標高）が各点ごとに与えられている空間のことを**場**[*1]という．特に標高のように方向をもたない 1 つの数値で表される量を**スカラー**といい，物理量がスカラーで与えられる場を**スカラー場**という．マクスウェル方程式 (1.12) に現れる電荷密度 ρ や，後に **3.5 節**で学習する電位はスカラー場である．

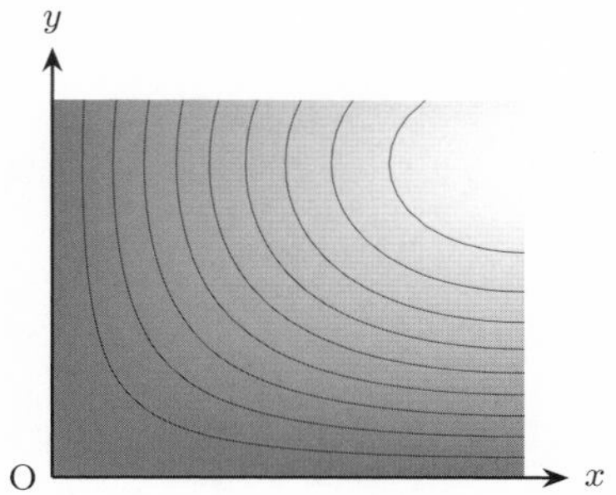

図 2.5　標高の低い場所を濃い色，高い場所を明るい色で表した濃淡図

もう 1 つの身近な場の例として，川の水の流れを見てみよう．川幅がある程度広ければ，水が流れる向きや速さ，すなわち速度は場所ごとにそれぞれ異なっているであろう．したがって，**図 2.6** のように川の水面に xy 軸を設定すれば，水の流れる速度 $\boldsymbol{v}$ は水面の各点ごとに与えられ，座標 (x, y) の関数として $\boldsymbol{v}(x, y)$ と表される[*2]．この場合，各点の水の速度はベクトルとして与えられる．このような場を**ベクトル場**という．マクスウェル方程式 (1.12)〜(1.15) に現れる電場 $\boldsymbol{E}$ や磁場 $\boldsymbol{H}$，電束密度 $\boldsymbol{D}$，磁束密度 $\boldsymbol{B}$，そして電流密度 $\boldsymbol{j}$ は（3 次元空間中の）ベクトル場である．

2.3　偏微分とナブラ

標高 $h(x, y)$ の位置に対する変化率を考えてみよう．通常の関数 $f(x)$ の変化

[*1] 工学分野では**界**とよばれることもあるが，本書では場で統一する．

[*2] 一般には時刻 t の関数にもなるが，本章では省略する．特定の時刻における流れの様子を見ていると考えてもよい．

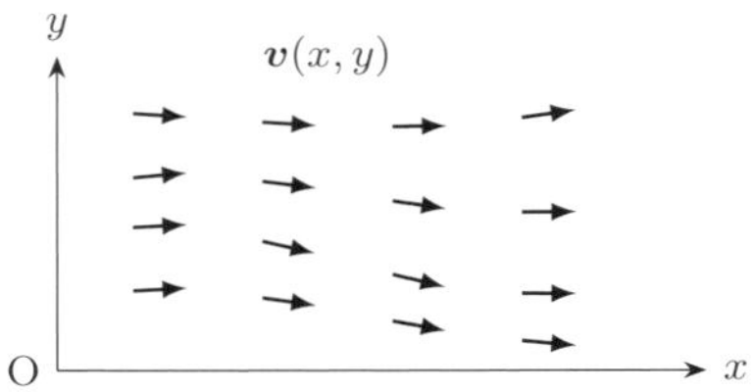

図 2.6　水の流れる速度 $\boldsymbol{v}$ は各点ごとに与えられるベクトル

率を考える場合は，ただ 1 つの変数 x の変化に伴う関数 $f(x)$ の増減を考えればよい．しかし，標高 $h(x,y)$ は xy 平面上の位置の関数なので，位置が変化する方向を定めなければ変化率を求めることができない．そこで，**図 2.7** に示すように，x 軸方向と y 軸方向の 2 つの方向に対する変化率をそれぞれ求めよう．

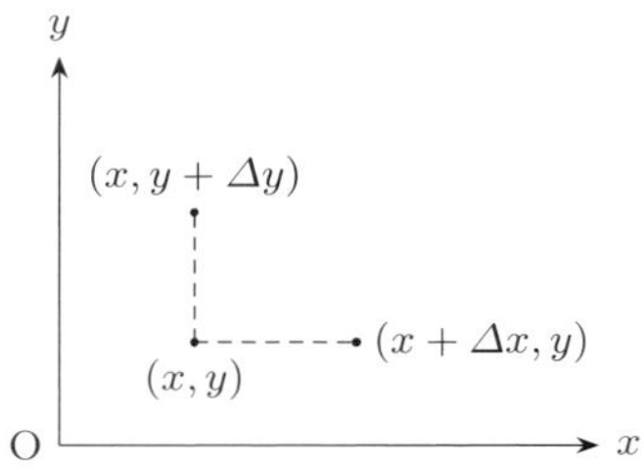

図 2.7　点 (x,y) と，x 軸方向，y 軸方向にそれぞれ微小距離 Δx, Δy だけ離れた点

まず，x 軸方向の単位長さあたりの標高の変化率は，点 (x,y) における標高 $h(x,y)$ と，そこから x 軸方向に微小距離 Δx だけ離れた点における標高 $h(x+\Delta x,y)$ から

$$\frac{h(x+\Delta x,y)-h(x,y)}{\Delta x}$$

により与えられる（分子の y 座標の値は 2 つの項で共通であることに注意してほしい）．このとき，微小距離 Δx を 0 に近づける極限の値を

$$\frac{\partial}{\partial x}h(x,y) = \lim_{\Delta x \to 0} \frac{h(x+\Delta x,y)-h(x,y)}{\Delta x} \tag{2.14}$$

と表記し，この左辺を x に関する**偏微分**とよぶ[*3]．すなわち，変数 x に関する

[*3] 結果が x,y の関数なのでより正確には**偏導関数**であるが，本書では区別なしに用いることにする．

偏微分は「x 以外の変数を固定し，x で微分したもの」にほかならない．同様に y 軸方向の変化率は，y に関する偏微分

$$\frac{\partial}{\partial y}h(x,y) = \lim_{\Delta y \to 0} \frac{h(x,y+\Delta y) - h(x,y)}{\Delta y} \tag{2.15}$$

により与えられる．

なお，電場や磁場などは，一般に 3 次元空間中において，時刻を含んだ関数として表される．これまでの議論の 3 次元空間への拡張や，時刻 t に関する偏微分の定義は自明であろう．

ナブラ

ここで，新しい記号を導入しよう．3 次元空間の各軸方向の偏微分を表す記号 $\partial/\partial x$，$\partial/\partial y$，$\partial/\partial z$ を成分にもつベクトルを考え，これを $\boldsymbol{\nabla}$（**ナブラ**と読む）という記号で表す．すなわち

$$\boldsymbol{\nabla} = \left(\frac{\partial}{\partial x}, \frac{\partial}{\partial y}, \frac{\partial}{\partial z}\right) \tag{2.16}$$

である．ここで x 軸，y 軸，z 軸方向の正の向きの単位ベクトルをそれぞれ $\hat{\boldsymbol{x}}$，$\hat{\boldsymbol{y}}$，$\hat{\boldsymbol{z}}$ で表すと，ナブラ $\boldsymbol{\nabla}$ は

$$\boldsymbol{\nabla} = \hat{\boldsymbol{x}}\frac{\partial}{\partial x} + \hat{\boldsymbol{y}}\frac{\partial}{\partial y} + \hat{\boldsymbol{z}}\frac{\partial}{\partial z} \tag{2.17}$$

と書くこともできる．ただし，ナブラ $\boldsymbol{\nabla}$ はベクトルとしての性質をすべて兼ね備えてはいるが，その成分が微分演算子であるため，微分の作用の対象となる何らかの関数が後ろに掛け合わされてはじめて意味をもつということに注意が必要である．

2.4　場の偏微分

本節では，場の偏微分として定義される**勾配**，**発散**，そして**回転**について詳しく見ていくことにする．これらはいずれも，電磁気学を学ぶうえで必要不可欠な数学の道具である．

2.4.1　勾配

位置座標 x と y の変位 Δx，Δy が十分に小さいとき，点 $(x+\Delta x, y)$ および点 $(x, y+\Delta y)$ における標高は，式 (2.14) および (2.15) から，点 (x,y) の標

高とその各軸方向の偏微分を用いて

$$\begin{aligned} h(x+\Delta x, y) &= h(x,y) + \frac{\partial}{\partial x} h(x,y)\Delta x, \\ h(x, y+\Delta y) &= h(x,y) + \frac{\partial}{\partial y} h(x,y)\Delta y \end{aligned} \tag{2.18}$$

と表すことができる．これらの展開を繰り返し用いると，点 $(x+\Delta x, y+\Delta y)$ における標高は

$$\begin{aligned} h(x+\Delta x, &y+\Delta y) \\ &= h(x+\Delta x, y) + \frac{\partial}{\partial y} h(x+\Delta x, y)\Delta y \\ &= h(x,y) + \frac{\partial}{\partial x} h(x,y)\Delta x + \frac{\partial}{\partial y}\left\{ h(x,y) + \frac{\partial}{\partial x} h(x,y)\Delta x \right\}\Delta y \\ &= h(x,y) + \frac{\partial}{\partial x} h(x,y)\Delta x + \frac{\partial}{\partial y} h(x,y)\Delta y + \frac{\partial}{\partial y}\frac{\partial}{\partial x} h(x,y)\Delta x\Delta y \end{aligned}$$

と計算できる．ここで，Δx，Δy が十分に小さい場合，その積 $\Delta x\Delta y$ に比例する項はほかの項に比べて非常に小さく無視することができるので，それを削除して

$$h(x+\Delta x, y+\Delta y) = h(x,y) + \frac{\partial}{\partial x} h(x,y)\Delta x + \frac{\partial}{\partial y} h(x,y)\Delta y \tag{2.19}$$

を得る．

式 (2.19) 右辺の第 2 項と第 3 項の和は，微小変位ベクトルを $\Delta\boldsymbol{r} = (\Delta x, \Delta y)$ とおき，2 次元の場合のナブラ

$$\boldsymbol{\nabla} = \left(\frac{\partial}{\partial x}, \frac{\partial}{\partial y} \right)$$

を用いると，ベクトル

$$\boldsymbol{\nabla} h(x,y) = \left(\frac{\partial}{\partial x} h(x,y), \frac{\partial}{\partial y} h(x,y) \right) \tag{2.20}$$

と $\Delta\boldsymbol{r}$ の内積として

$$\boldsymbol{\nabla} h(x,y) \cdot \Delta\boldsymbol{r} \tag{2.21}$$

という形に表すことができる．式 (2.20) によって定義される，ナブラ $\boldsymbol{\nabla}$ とスカラー関数の積をその関数の**勾配**という[*4]．なお，ナブラ $\boldsymbol{\nabla}$ はベクトルであると同時に偏微分という作用を及ぼす**演算子**でもあるので，関数の左から掛けておかなければならないことに注意が必要である．

勾配の幾何学的意味

式 (2.19) は，位置ベクトルを $\boldsymbol{r} = (x, y)$ とおいて右辺の第 2 項と第 3 項の和を式 (2.21) で置き換えると

$$h(\boldsymbol{r} + \Delta\boldsymbol{r}) = h(\boldsymbol{r}) + \boldsymbol{\nabla} h(\boldsymbol{r}) \cdot \Delta\boldsymbol{r} \tag{2.22}$$

と書くことができる．ここで関数 $h(\boldsymbol{r})$ の微小変化量を $\Delta h(\boldsymbol{r}) = h(\boldsymbol{r} + \Delta\boldsymbol{r}) - h(\boldsymbol{r})$ とおき，**図 2.8** のように勾配 $\boldsymbol{\nabla} h(\boldsymbol{r})$ と微小変位 $\Delta\boldsymbol{r}$ のなす角を θ としてベクトルの内積を表す式 (2.3) を用いると，式 (2.22) から

$$\Delta h(\boldsymbol{r}) = \boldsymbol{\nabla} h(\boldsymbol{r}) \cdot \Delta\boldsymbol{r} = |\boldsymbol{\nabla} h(\boldsymbol{r})| \Delta r \cos\theta \tag{2.23}$$

が導かれる． よって，両辺をベクトル $\Delta\boldsymbol{r}$ の大きさ Δr で割れば，関数 $h(\boldsymbol{r})$ の $\Delta\boldsymbol{r}$ 方向の増加率

$$\frac{\Delta h(\boldsymbol{r})}{\Delta r} = |\boldsymbol{\nabla} h(\boldsymbol{r})| \cos\theta \tag{2.24}$$

が得られる．勾配 $\boldsymbol{\nabla} h(\boldsymbol{r})$ は微小変位 $\Delta\boldsymbol{r}$ には依存しないので，式 (2.24) の右辺が最大となるのは $\cos\theta = 1$，すなわち微小変位 $\Delta\boldsymbol{r}$ が勾配 $\boldsymbol{\nabla} h(\boldsymbol{r})$ と平行で同じ向きをとるときである．すなわち，勾配 $\boldsymbol{\nabla} h(\boldsymbol{r})$ は，関数 $h(\boldsymbol{r})$ の増加率が最大となる方向と向きをもち，その大きさが最大増加率に等しいベクトルであるということがわかる．

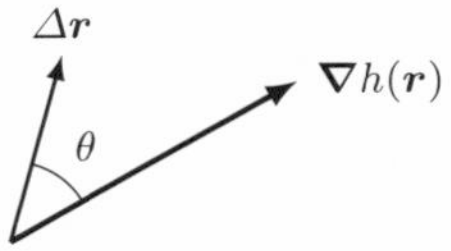

図 2.8　関数 $h(\boldsymbol{r})$ の勾配 $\boldsymbol{\nabla} h(\boldsymbol{r})$ と微小変位 $\Delta\boldsymbol{r}$

[*4] 関数 h の勾配を grad h と表記することもあるが，本書では $\boldsymbol{\nabla} h$ で統一する

例 2.3 等高線と勾配

等高線は次の図のように地図の上で標高が等しい地点を結んでできる曲線群である．よって，1 本の等高線にそって，微小変位 $\Delta\boldsymbol{r}$ だけ離れた 2 地点の標高差を $\Delta h(\boldsymbol{r})$ とおくと，等高線上で標高差は 0 であるから式 (2.23) より

$$\Delta h(\boldsymbol{r}) = \boldsymbol{\nabla} h(\boldsymbol{r}) \cdot \Delta\boldsymbol{r} = 0$$

が成り立つ．すなわち，勾配 $\boldsymbol{\nabla} h(\boldsymbol{r})$ は各々の地点で等高線に垂直であることがわかる．また，その向きは標高 $h(\boldsymbol{r})$ が増加する向きであり，大きさは勾配 $\boldsymbol{\nabla} h(\boldsymbol{r})$ の方向の標高 $h(\boldsymbol{r})$ の変化率に等しい．

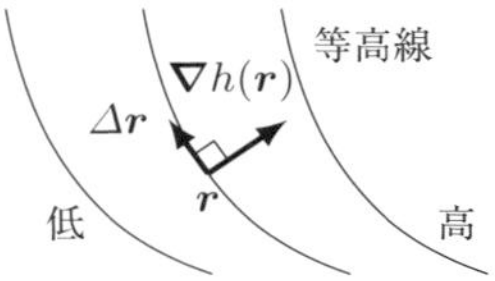

2.4.2 発散

再び図 2.6 の川の水の流れを考える．ただし，川の表面ではなく水中に**図 2.9** に示すような微小な直方体を設定する．直方体の幅，奥行き，高さはそれぞれ Δx，Δy，Δz とし，面 ABCD，EFGH は yz 平面に平行，面 AEFB，DHGC は xy 平面に平行，面 AEHD，FGCB は zx 平面に平行であるとする．点 A の座標を $\boldsymbol{r} = (x, y, z)$ として，この直方体から単位時間に流出する正味の水の量を計算してみよう．

微小量 Δx，Δy，Δz が十分に小さいとき，水の速度 $\boldsymbol{v}$ は直方体の各面上でそれぞれ一定と見なすことができる[*5]．この仮定のもとで，速度 $\boldsymbol{v}$ の値は点 A を頂点にもつ 3 つの面 ADCB，AEHD，ABFE 上ですべて等しく $\boldsymbol{v}(x, y, z)$ であり，面 EFGH，BCGF，DHGC 上では，それぞれ点 E，点 B，点 D における速度 $\boldsymbol{v}(x + \Delta x, y, z)$，$\boldsymbol{v}(x, y + \Delta y, z)$，$\boldsymbol{v}(x, y, z + \Delta z)$ に等しいとしてよい．

一方，速度 $\boldsymbol{v}$ で流れている水は単位時間に v だけの距離を移動するので，**図 2.10** のように面積 S の面を通過する単位時間あたりの水の体積は，水の速度 $\boldsymbol{v}$ のその面に垂直な成分 $v\cos\theta$ とその面の面積との積で与えられる．よっ

[*5] 面上での位置による速度 $\boldsymbol{v}$ の変化を考慮に入れて計算しても，同じ結果が得られることがわかっているので，ここではこの仮定をおくことにする．

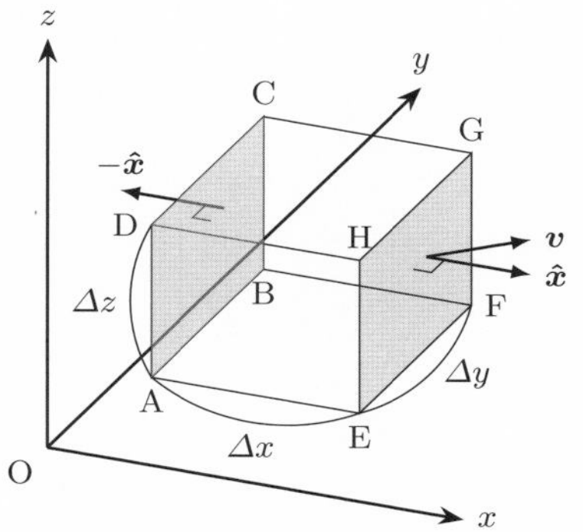

図 2.9　川の中の微小な直方体の領域

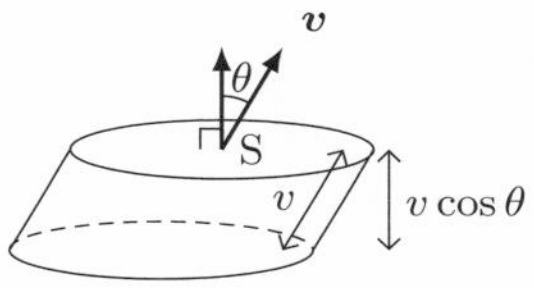

図 2.10　単位時間に面積 S の面を通過する水

て，面 EFGH を通って単位時間に流出する水の体積は

$$v_x(x+\Delta x, y, z)\Delta y\Delta z = \boldsymbol{v}(x+\Delta x, y, z)\cdot\hat{\boldsymbol{x}}\Delta y\Delta z$$

となる．ここで $\hat{\boldsymbol{x}}$ は x 軸方向の正の向きの単位ベクトルである．

同様に，y 軸方向，z 軸方向の正の向きの単位ベクトルをそれぞれ $\hat{\boldsymbol{y}}$，$\hat{\boldsymbol{z}}$ とおけば，面 BCGF，CDHG から単位時間あたりに流出する水の量はそれぞれ

$$\boldsymbol{v}(x, y+\Delta y, z)\cdot\hat{\boldsymbol{y}}\Delta z\Delta x, \quad \boldsymbol{v}(x, y, z+\Delta z)\cdot\hat{\boldsymbol{z}}\Delta x\Delta y$$

となる．面 ADCB，AEHD，ABFE に関しては，水が流出する向きはそれぞれ $-\hat{\boldsymbol{x}}$，$-\hat{\boldsymbol{y}}$，$-\hat{\boldsymbol{z}}$ であることに注意してこれらの量を合計すると，この微小な直方体の領域から単位時間あたりに流出する正味の水の体積 ΔW は

$$
\begin{aligned}
\Delta W = &\boldsymbol{v}(x+\Delta x, y, z)\cdot\hat{\boldsymbol{x}}\Delta y\Delta z - \boldsymbol{v}(x,y,z)\cdot\hat{\boldsymbol{x}}\Delta y\Delta z \\
&+\boldsymbol{v}(x, y+\Delta y, z)\cdot\hat{\boldsymbol{y}}\Delta z\Delta x - \boldsymbol{v}(x,y,z)\cdot\hat{\boldsymbol{y}}\Delta z\Delta x \\
&+\boldsymbol{v}(x, y, z+\Delta z)\cdot\hat{\boldsymbol{z}}\Delta x\Delta y - \boldsymbol{v}(x,y,z)\cdot\hat{\boldsymbol{z}}\Delta x\Delta y
\end{aligned}
\tag{2.25}
$$

により与えられる．

ここで，Δx，Δy，Δz が十分に小さいときに，式 (2.18) の導出と同様の議論から微小距離だけ離れた位置における速度がそれぞれ

$$
\begin{aligned}
\boldsymbol{v}(x+\Delta x, y, z) &= \boldsymbol{v}(\boldsymbol{r}) + \frac{\partial}{\partial x}\boldsymbol{v}(\boldsymbol{r})\Delta x, \\
\boldsymbol{v}(x, y+\Delta y, z) &= \boldsymbol{v}(\boldsymbol{r}) + \frac{\partial}{\partial y}\boldsymbol{v}(\boldsymbol{r})\Delta y, \\
\boldsymbol{v}(x, y, z+\Delta z) &= \boldsymbol{v}(\boldsymbol{r}) + \frac{\partial}{\partial z}\boldsymbol{v}(\boldsymbol{r})\Delta z
\end{aligned}
$$

と展開できることを用いると，式 (2.25) より

$$
\begin{aligned}
\Delta W &= \left\{\frac{\partial}{\partial x}\boldsymbol{v}(\boldsymbol{r})\cdot\hat{\boldsymbol{x}} + \frac{\partial}{\partial y}\boldsymbol{v}(\boldsymbol{r})\cdot\hat{\boldsymbol{y}} + \frac{\partial}{\partial z}\boldsymbol{v}(\boldsymbol{r})\cdot\hat{\boldsymbol{z}}\right\}\Delta x\Delta y\Delta z \\
&= \left\{\frac{\partial}{\partial x}v_x(\boldsymbol{r}) + \frac{\partial}{\partial y}v_y(\boldsymbol{r}) + \frac{\partial}{\partial y}v_z(\boldsymbol{r})\right\}\Delta V \\
&= \boldsymbol{\nabla}\cdot\boldsymbol{v}(\boldsymbol{r})\Delta V
\end{aligned}
\tag{2.26}
$$

を得る．ここで $\Delta V = \Delta x\Delta y\Delta z$ は直方体の体積である．なお，直方体の大きさは微小なので点 A の座標 $\boldsymbol{r} = (x, y, z)$ を直方体の位置座標と考えてよい．

式 (2.26) 右辺に現れるのナブラ $\boldsymbol{\nabla}$ とベクトル場 $\boldsymbol{v}$ の内積

$$
\boldsymbol{\nabla}\cdot\boldsymbol{v}(\boldsymbol{r}) = \frac{\partial}{\partial x}v_x(\boldsymbol{r}) + \frac{\partial}{\partial y}v_y(\boldsymbol{r}) + \frac{\partial}{\partial y}v_z(\boldsymbol{r})
\tag{2.27}
$$

をベクトル場 $\boldsymbol{v}$ の**発散**という[*6]．

発散の物理的意味

式 (2.26) の両辺を微小な直方体の体積 ΔV で割って

$$
\boldsymbol{\nabla}\cdot\boldsymbol{v}(\boldsymbol{r}) = \frac{\Delta W}{\Delta V}
\tag{2.28}
$$

[*6] ベクトル場 $\boldsymbol{v}$ の発散を div $\boldsymbol{v}$ と表記することもあるが，本書では $\boldsymbol{\nabla}\cdot\boldsymbol{v}$ で統一する．

を得る[*7]．すなわち，ベクトル場 $\boldsymbol{v}(\boldsymbol{r})$ の発散とは，位置 $\boldsymbol{r}$ の近傍の微小領域から流出する単位体積あたりの正味の物理量（今の例では水の体積）を表していることがわかる．なお，$\nabla \cdot \boldsymbol{v}(\boldsymbol{r}) > 0$ の場合はこの微小領域から物理量が流出するので**湧き出し**，$\nabla \cdot \boldsymbol{v}(\boldsymbol{r}) < 0$ の場合は実際は流入することに対応するので**吸い込み**という．$\nabla \cdot \boldsymbol{v}(\boldsymbol{r}) = 0$ の場合は，流入量と流出量が打ち消し合って正味の流出量がないことを表している．

例 2.4 ホースの先端から放出される水

細いホースの先端からすべての方向に一様に放出されている水を考える．原点を除く位置 $\boldsymbol{r} = (x, y, z)$ における水流の速度が，ホースの先端を原点 O としてベクトル場

$$\boldsymbol{v}(\boldsymbol{r}) = k\frac{\boldsymbol{r}}{r^3} \tag{2.29}$$

で表されるとしよう．ここで，$r = |\boldsymbol{r}| = \sqrt{x^2 + y^2 + z^2}$，$k$ は正の定数である．

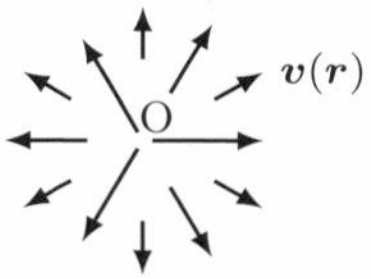

このとき，ベクトル場 $\boldsymbol{v}(\boldsymbol{r})$ の発散は

$$\nabla \cdot \boldsymbol{v}(\boldsymbol{r}) = k\nabla \cdot \frac{\boldsymbol{r}}{r^3} = k\left(\frac{\partial}{\partial x}\frac{x}{r^3} + \frac{\partial}{\partial y}\frac{y}{r^3} + \frac{\partial}{\partial z}\frac{z}{r^3}\right)$$

となるが，

$$\frac{\partial}{\partial x}\frac{x}{r^3} = \frac{1}{r^3} + x\frac{\partial}{\partial x}\frac{1}{r^3} = \frac{1}{r^3} + x\left(\frac{\mathrm{d}}{\mathrm{d}r}\frac{1}{r^3}\right)\frac{\partial}{\partial x}r = \frac{1}{r^3} - \frac{3x^2}{r^5}$$

と計算できることなどを用いると

$$\nabla \cdot \boldsymbol{v}(\boldsymbol{r}) = k\left\{\frac{3}{r^3} - \frac{3(x^2 + y^2 + z^2)}{r^5}\right\} = 0$$

を得る．この結果は，原点を除くすべての点において，水が吸収されたり湧き出したりしていないことを示している．

[*7] 厳密には $\Delta V \to 0$ の極限で成立する式である．

2.4.3 回転

ベクトル場の**回転**はナブラ $\boldsymbol{\nabla}$ とベクトル場 $\boldsymbol{v} = (v_x, v_y, v_z)$ との外積

$$\boldsymbol{\nabla} \times \boldsymbol{v} = \left(\frac{\partial v_z}{\partial y} - \frac{\partial v_y}{\partial z}, \frac{\partial v_x}{\partial z} - \frac{\partial v_z}{\partial x}, \frac{\partial v_y}{\partial x} - \frac{\partial v_x}{\partial y} \right) \tag{2.30}$$

として定義される*8．回転は 2 つのベクトルの外積なのでベクトルである．ただし，ナブラ $\boldsymbol{\nabla}$ は微分演算子なので一般には回転 $\boldsymbol{\nabla} \times \boldsymbol{v}$ の向きや大きさは通常のベクトルの外積のようには定まらず，ベクトル場 $\boldsymbol{v}$ の内容によって決まる．

例 2.5 ホースの先端から放出される水流の回転

例 2.4 で取り上げた，ホースの先端から放出される水流のベクトル場 (2.29) の回転は

$$\boldsymbol{\nabla} \times \boldsymbol{v}(\boldsymbol{r}) = k \boldsymbol{\nabla} \times \frac{\boldsymbol{r}}{r^3}$$

により与えられる．ここで定数 n に対して

$$\boldsymbol{\nabla} r^{-n} = -\frac{n}{r^{n+2}} \boldsymbol{r} \tag{2.31}$$

と計算できること，および一般にスカラー関数 ϕ に対し

$$\boldsymbol{\nabla} \times (\phi \boldsymbol{r}) = (\boldsymbol{\nabla} \phi) \times \boldsymbol{r} \tag{2.32}$$

が成り立つことを用いると

$$\boldsymbol{\nabla} \times \boldsymbol{v}(\boldsymbol{r}) = k \left(\boldsymbol{\nabla} r^{-3} \right) \times \boldsymbol{r} = -k \frac{3}{r^5} \boldsymbol{r} \times \boldsymbol{r} = 0 \tag{2.33}$$

を得る．

♦ **練習問題** 2.5　式 (2.31) および (2.32) が成り立つことを示せ．

循環

回転の物理的意味を考えるうえで必要になる新たな量を導入しよう．**図 2.11** のように空間中に閉曲線 C をとる．閉曲線 C には，反時計回りにたどる向きを正とする向きを定めておく．閉曲線 C を微小な区間に区切り，各微小区間に

*8 ベクトル場 $\boldsymbol{v}$ の回転を rot $\boldsymbol{v}$ や curl $\boldsymbol{v}$ と表記することもあるが，本書では $\boldsymbol{\nabla} \times \boldsymbol{v}$ で統一する．

対してその位置の閉曲線 C の接線方向の正の向きをもち，大きさがその位置の微小区間の長さに等しいベクトル $\boldsymbol{\Delta l}$ を割り当てる．このような，ある曲線にそった微小ベクトルを**線要素**とよぶ．閉曲線 C 上の各位置におけるベクトル場 $\boldsymbol{v}$ とその位置の線要素 $\boldsymbol{\Delta l}$ との内積を，閉曲線 C 全体に対して和をとって得られる量

$$\Gamma = \sum_{\mathrm{C}} \boldsymbol{v} \cdot \boldsymbol{\Delta l} \tag{2.34}$$

を**循環**という．

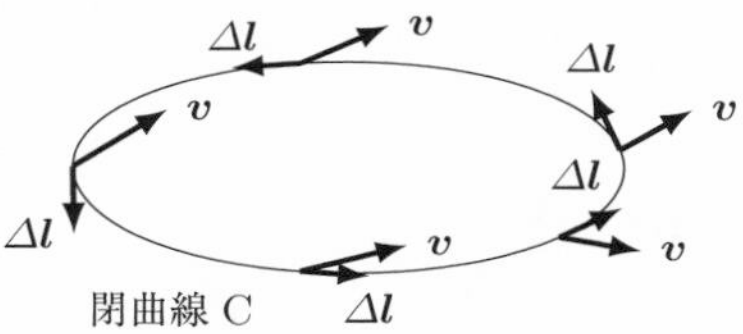

図 2.11　閉曲線 C 上の各位置の線要素 $\boldsymbol{\Delta l}$ とベクトル場 $\boldsymbol{v}$

今，**図 2.12** 左のようにベクトル場 $\boldsymbol{v}$ が位置によらず，空間的に一様である場合を考える．このとき，閉曲線 C をどのようにとっても閉曲線 C 上でベクトル $\boldsymbol{v}$ の値は一定なので，式 (2.34) において $\boldsymbol{v}$ を和の外に出して

$$\Gamma = \boldsymbol{v} \cdot \sum_{\mathrm{C}} \boldsymbol{\Delta l}$$

と書くことができる．右辺の和 $\sum_{\mathrm{C}} \boldsymbol{\Delta l}$ は閉曲線 C にそって，線要素 $\boldsymbol{\Delta l}$ をすべて足し合わせたものとなるので 0 となり，循環も $\Gamma = 0$ である．一方，図 2.12 右のようにベクトル場 $\boldsymbol{v}$ が渦を作っているような場合は，渦にそって閉曲線 C をとると，ベクトル $\boldsymbol{v}$ が閉曲線 C 上でいたるところ線要素 $\boldsymbol{\Delta l}$ と平行となり常に $\boldsymbol{v} \cdot \boldsymbol{\Delta l} > 0$ が成り立つので，循環 Γ は正の値をもつようになる．このように，循環はベクトル場が作る**渦**の強さを表す量であることがわかる．

なお，線要素 $\boldsymbol{\Delta l}$ の大きさ $\Delta l \to 0$ の極限をとると，式 (2.34) 右辺の和は積分に置き換えることができ，循環は

$$\Gamma = \oint_{\mathrm{C}} \boldsymbol{v} \cdot \mathrm{d}\boldsymbol{l} \tag{2.35}$$

と表される．このような，ある経路にそった線要素による積分を一般に**線積**

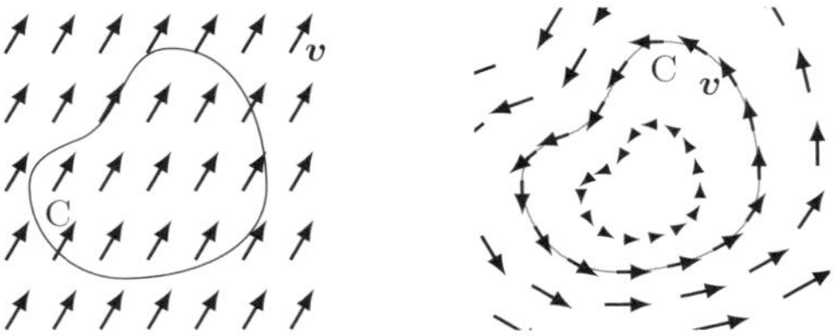

図 2.12 一様なベクトル場（左）と渦を作るベクトル場（右）

分とよぶ．特に図2.11 のように閉じた経路に関する線積分を**周回積分**といい，積分記号に付いている記号‘○’は積分が周回積分であることを表している．

回転の物理的意味

それでは，回転の物理的意味についての考察に移ろう．**図2.13** のように，xy 平面上に各辺の長さ Δx，Δy の長方形をした微小領域 ABCD を考える．閉経路 ABCD に対してベクトル場 $\boldsymbol{v} = (v_x, v_y, v_z)$ の循環 $\Delta\Gamma_z$[*9]を計算してみよう．

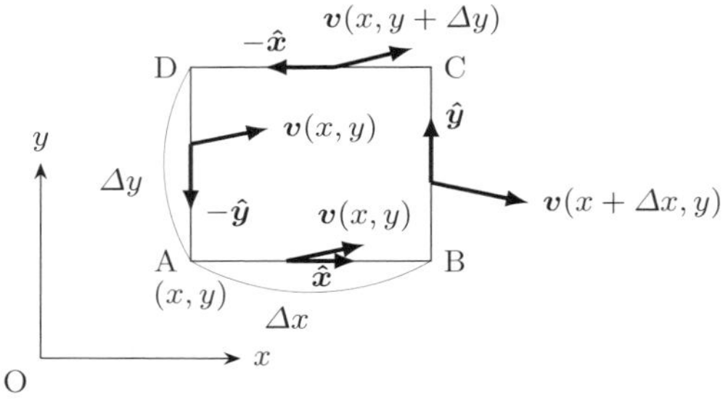

図 2.13 3 次元空間中の xy 平面上にある微小領域（z 座標は省略）

辺の長さ Δx，Δy は十分に小さいとし，各辺上でベクトル場 $\boldsymbol{v}$ は一定であると仮定する．このとき，点 A の座標を (x, y) とおくと[*10]，辺 AB, BC, CD および DA 上のベクトル場 $\boldsymbol{v}$ の値はそれぞれ $\boldsymbol{v}(x, y)$，$\boldsymbol{v}(x + \Delta x, y)$，$\boldsymbol{v}(x, y + \Delta y)$，$\boldsymbol{v}(x, y)$ とすることができる．また，x 軸方向，y 軸方向の正の向きの単位ベクトルをそれぞれ $\hat{\boldsymbol{x}}$，$\hat{\boldsymbol{y}}$ とおくと，辺 AB，BC，CD および DA にそった線要素

[*9] 微小領域を対象とした循環なので，そのことを示すために Δ を付けて表している．
[*10] 簡単のために z 座標を省略して記述しているが，実際にはこの平面に垂直な z 軸がある．

はそれぞれ $\Delta x\,\hat{\boldsymbol{x}}$，$\Delta y\,\hat{\boldsymbol{y}}$，$-\Delta x\,\hat{\boldsymbol{x}}$，$-\Delta y\,\hat{\boldsymbol{y}}$ と表せるので，式 (2.34) より循環は

$$\begin{aligned}\Delta\Gamma_z = \boldsymbol{v}(x,y)\cdot\hat{\boldsymbol{x}}\Delta x + \boldsymbol{v}(x+\Delta x,y)\cdot\hat{\boldsymbol{y}}\Delta y \\ - \boldsymbol{v}(x,y+\Delta y)\cdot\hat{\boldsymbol{x}}\Delta x - \boldsymbol{v}(x,y)\cdot\hat{\boldsymbol{y}}\Delta y\end{aligned} \tag{2.36}$$

となる．微小量 Δx，Δy が十分小さいとき

$$\begin{aligned}\boldsymbol{v}(x+\Delta x,y) &= \boldsymbol{v}(x,y) + \frac{\partial}{\partial x}\boldsymbol{v}(x,y)\Delta x, \\ \boldsymbol{v}(x,y+\Delta y) &= \boldsymbol{v}(x,y) + \frac{\partial}{\partial y}\boldsymbol{v}(x,y)\Delta y\end{aligned}$$

と展開できることを用いると，式 (2.36) より

$$\begin{aligned}\Delta\Gamma_z &= \left\{\frac{\partial}{\partial x}\boldsymbol{v}(x,y)\cdot\hat{\boldsymbol{y}} - \frac{\partial}{\partial y}\boldsymbol{v}(x,y)\cdot\hat{\boldsymbol{x}}\right\}\Delta x\Delta y \\ &= \left\{\frac{\partial}{\partial x}v_y(x,y) - \frac{\partial}{\partial y}v_x(x,y)\right\}\Delta S\end{aligned} \tag{2.37}$$

を得る．ここで $\Delta S = \Delta x\Delta y$ は微小領域 ABCD の面積である．式 (2.37) 右辺の中括弧の中は，式 (2.30) と比較すると，ベクトル場 $\boldsymbol{v}$ の回転 $\boldsymbol{\nabla}\times\boldsymbol{v}$ の z 成分 $\boldsymbol{\nabla}\times\boldsymbol{v}\cdot\hat{\boldsymbol{z}}$ であることがわかる．ここで $\hat{\boldsymbol{z}}$ は z 軸方向の正の向きの単位ベクトルである．したがって式 (2.37) より

$$\boldsymbol{\nabla}\times\boldsymbol{v}\cdot\hat{\boldsymbol{z}} = \frac{\Delta\Gamma_z}{\Delta S} \tag{2.38}$$

を得る．

微小領域を xy 平面上にとる代わりに，**図 2.14** のように一般の法線ベクトル $\boldsymbol{n}$ に垂直な面上にとり，その微小領域を囲む閉曲線 C に対する循環 $\Delta\Gamma_n$ を考えれば，式 (2.38) より

$$\boldsymbol{\nabla}\times\boldsymbol{v}\cdot\boldsymbol{n} = \frac{\Delta\Gamma_n}{\Delta S} \tag{2.39}$$

が導かれる．このとき，閉曲線 C は法線ベクトル $\boldsymbol{n}$ の向きに右ねじが進む向きを正の向きとして，循環 $\Delta\Gamma_n$ を計算するものとする．この結果は，回転 $\boldsymbol{\nabla}\times\boldsymbol{v}$ のベクトル $\boldsymbol{n}$ 方向成分が，その位置のベクトル $\boldsymbol{n}$ に垂直な面上の単位面積あたりの循環であることを示している．先に見たように，循環はベクトル場の渦の強さを表しているので，回転はその位置の渦の度合いを示す量であるということがわかる．なお，式 (2.39) は厳密には微小領域の面積 $\Delta S\to 0$ の極限で成り立つ式であり，この極限において結果は微小領域の形状によらない．

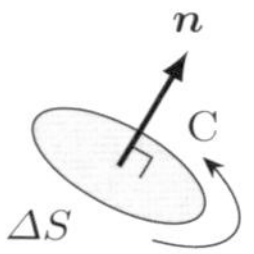

図 2.14　閉曲線 C を縁とする微小領域と法線ベクトル $\boldsymbol{n}$

例 2.6 回転のあるベクトル場

定数 $c > 0$ に対し $\boldsymbol{v}(\boldsymbol{r}) = (-cy, cx, 0)$ で表されるベクトル場 $\boldsymbol{v}$ は，大きさが z 軸からの距離 $\sqrt{x^2 + y^2}$ に比例し，z 軸に垂直な平面上の z 軸を中心とした円の接線方向，反時計回りの向きをもつベクトル場である．

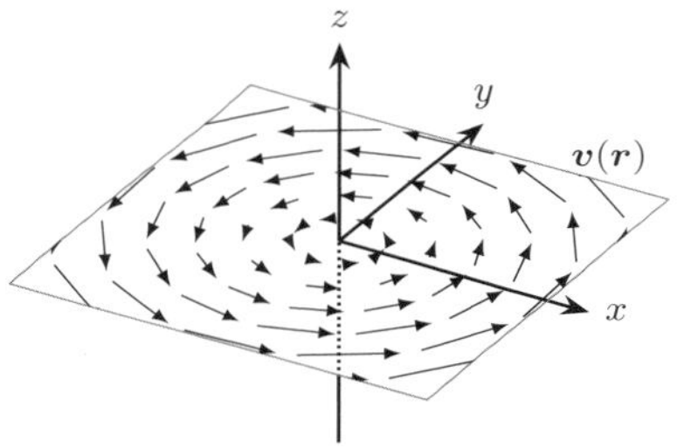

定義に従ってベクトル場 $\boldsymbol{v}$ の回転を計算すると

$$\nabla \times \boldsymbol{v} = \left(-c\frac{\partial x}{\partial z}, -c\frac{\partial y}{\partial z}, c\frac{\partial x}{\partial x} + c\frac{\partial y}{\partial y}\right) = (0, 0, 2c)$$

となる．これは z 軸方向の正の向きをもつ，大きさ $2c$ の一様なベクトル場である．

2.4.4　微小距離だけ離れた位置の場の値

本節の最後に，位置座標が (x, y, z) で表される 3 次元空間の場合の，微小距離だけ離れた位置のスカラー場とベクトル場の値がどのように表記できるかをまとめておこう．これらは，この後の計算においてたびたび用いられる有用な表式である．

スカラー場

位置座標が (x, y) で表される 2 次元空間の場合，位置 $\boldsymbol{r} = (x, y)$ から微小変

位 $\Delta\boldsymbol{r} = (\Delta x, \Delta y)$ だけ離れた位置におけるスカラー場 h の値が，式 (2.19) で表されることを示した．この導出に用いられた議論を 3 次元空間の場合に拡張することにより，

$$h(x+\Delta x, y+\Delta y, z+\Delta z) = h(x,y,z) + \frac{\partial}{\partial x}h(x,y,z)\Delta x + \frac{\partial}{\partial y}h(x,y,z)\Delta y + \frac{\partial}{\partial z}h(x,y,z)\Delta z \tag{2.40}$$

となることが容易に示される．これより，位置ベクトル $\boldsymbol{r}$ と微小変位 $\Delta\boldsymbol{r}$ を用いて次の表式を得る．

微小距離だけ離れた位置のスカラー場の値

$$h(\boldsymbol{r}+\Delta\boldsymbol{r}) = h(\boldsymbol{r}) + \boldsymbol{\nabla}h(\boldsymbol{r})\cdot\Delta\boldsymbol{r} \tag{2.41}$$

なお，この表式は 2 次元の場合の対応する式 (2.22) と形の上ではまったく同一のものである．

♦ **練習問題** 2.6　式 (2.40) が成り立つことを示せ．

ベクトル場

ベクトル場 $\boldsymbol{V} = (V_x, V_y, V_z)$ の場合は，各成分に対して式 (2.41) を適用して

$$V_x(\boldsymbol{r}+\Delta\boldsymbol{r}) = V_x(\boldsymbol{r}) + \boldsymbol{\nabla}V_x(\boldsymbol{r})\cdot\Delta\boldsymbol{r},$$
$$V_y(\boldsymbol{r}+\Delta\boldsymbol{r}) = V_y(\boldsymbol{r}) + \boldsymbol{\nabla}V_y(\boldsymbol{r})\cdot\Delta\boldsymbol{r},$$
$$V_z(\boldsymbol{r}+\Delta\boldsymbol{r}) = V_z(\boldsymbol{r}) + \boldsymbol{\nabla}V_z(\boldsymbol{r})\cdot\Delta\boldsymbol{r}$$

と表すことができる．各成分の勾配と $\Delta\boldsymbol{r}$ との内積の順番を入れ換えてベクトルの形にまとめると次の表式を得る．

微小距離だけ離れた位置のベクトル場の値

$$\boldsymbol{V}(\boldsymbol{r}+\Delta\boldsymbol{r}) = (1 + \Delta\boldsymbol{r}\cdot\boldsymbol{\nabla})\boldsymbol{V}(\boldsymbol{r}) \tag{2.42}$$

以上で電磁気学を学ぶうえでの基本的な道具は揃った．まだ，いくつかの数

学上の定理が残されているが，それらについては実際に必要になったときに取り上げることにしよう．

章末問題

2-1 例 2.1 の式 (2.5) の両辺を時刻 t で積分することにより，運動エネルギー K の増加分が，物体になされた仕事

$$W = \int \boldsymbol{F} \cdot \mathrm{d}\boldsymbol{r}$$

に等しくなることを示せ．

2-2 原点 O を中心とした xy 平面上の半径 a の円周上を，速さ v で反時計回りに等速円運動する質量 m の物体の角運動量 (2.11) を求めよ．

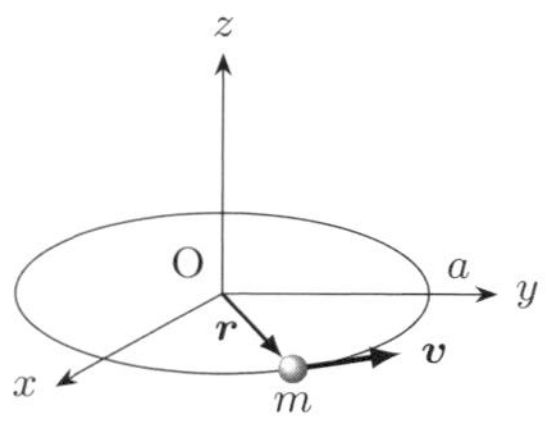

2-3 位置ベクトル $\boldsymbol{r} = (x, y, z)$ の発散および回転を求めよ．

2-4 例 2.6 のベクトル場 $\boldsymbol{v}$ の回転 $\boldsymbol{\nabla} \times \boldsymbol{v}$ の各成分を式 (2.39) に従って求めよ．
ヒント：各座標軸に対し，それと垂直な面上の原点を中心とする半径 a の円周にそったベクトル場 $\boldsymbol{v}$ の循環を計算して式 (2.39) に当てはめよ．

第3章 静的な電場

電磁気学の内容は，**1.2** 節に掲げた 4 本のマクスウェル方程式 (1.12)〜(1.15) にすべて含まれている．しかし，あらゆる状況に対応できるようなマクスウェル方程式の一般解を求めることは難しい．そこでまず最初に，物質が存在しない空間における，時間的に変化しない静的な電場を取り上げる．

3.1 静電場に関するマクスウェル方程式

「静」という語は**場が時間的に変化しない**ことを意味し，したがって**静電場**とは時間的に変化しない電場のことをいう．場が時間的に変化しないとき，マクスウェル方程式 (1.13) および (1.15) の時間微分を含む項が消えるので，4 本の方程式は電気に関する場の 2 本の方程式

$$\nabla \cdot \boldsymbol{D} = \rho \tag{3.1}$$

$$\nabla \times \boldsymbol{E} = 0 \tag{3.2}$$

と，磁気に関する場の 2 本の方程式

$$\nabla \cdot \boldsymbol{B} = 0 \tag{3.3}$$

$$\nabla \times \boldsymbol{H} = \boldsymbol{j} \tag{3.4}$$

に分離する．

物質が存在しない空間では電場 $\boldsymbol{E}$ と電束密度 $\boldsymbol{D}$ の間に

$$\boldsymbol{D} = \varepsilon_0 \boldsymbol{E} \tag{3.5}$$

という関係が成り立つことがわかっている．ここで ε_0 は**真空の誘電率**とよばれる真空の電気的性質を表す物理定数で，その値は $\varepsilon_0 = 8.854187817 \times$

$10^{-12}\ \mathrm{C^2/N \cdot m^2}$ である[*1]．詳細については第 4 章で学習することになっているので，ここでは式 (3.5) を仮定して先に進むことにしよう．式 (3.5) を式 (3.1) に代入して電束密度 $\boldsymbol{D}$ を消去することができる．以上より静電場に関する次の方程式を得る．

静電場に関するマクスウェル方程式

$$\nabla \cdot \boldsymbol{E} = \frac{\rho}{\varepsilon_0} \tag{3.6}$$

$$\nabla \times \boldsymbol{E} = 0 \tag{3.7}$$

3.2　ガウスの定理とガウスの法則

式 (3.6)，(3.7) の 2 本の方程式は電場 $\boldsymbol{E}$ に関する連立方程式となっているので，電場 $\boldsymbol{E}$ は両式を同時に満たす必要がある．まずは式 (3.6) から電場 $\boldsymbol{E}$ を求め，それが式 (3.7) を満たすことを確認する．そのために，次に示すガウスの定理と，そこから導かれるガウスの法則を導入しよう．

3.2.1　ガウスの定理

われわれは **2.4.2 項**において，水中の微小領域から流出する正味の水の体積が式 (2.25) で与えられることを示した．式 (2.25) におけるベクトル $\hat{\boldsymbol{x}}$，$\hat{\boldsymbol{y}}$，$\hat{\boldsymbol{z}}$ はそれぞれ図 2.9 の直方体の面 EFGH，BCGF，DHGC の外向き**法線ベクトル**[*2]であり，$-\hat{\boldsymbol{x}}$，$-\hat{\boldsymbol{y}}$，$-\hat{\boldsymbol{z}}$ はそれぞれ面 ADCB，AEHD，ABFE の外向き法線ベクトルとなるので，一般に閉じた領域のある面の外向き法線ベクトルを $\boldsymbol{n}$，その面の面積を ΔS とおけば，式 (2.25) は

$$\Delta W = \sum_{\text{微小領域の面}} \boldsymbol{v} \cdot \boldsymbol{n} \Delta S \tag{3.8}$$

のようにまとめることができる．

ここからは水流の速度 $\boldsymbol{v}$ の代わりに一般のベクトル場 $\boldsymbol{A}$ について考えよう．式 (2.26) の左辺を式 (3.8) の右辺で置き換え，$\boldsymbol{v}$ の代わりに $\boldsymbol{A}$ を用いれば

[*1] 静電容量の単位 [F]（ファラッド）を用いると $\varepsilon_0 = 8.854187817 \times 10^{-12}\ \mathrm{F/m}$ と表される．

[*2] 面や直線に垂直で，大きさが 1 のベクトル．

$$\sum_{\text{微小領域を囲む面}} \boldsymbol{A}\cdot\boldsymbol{n}\Delta S = \boldsymbol{\nabla}\cdot\boldsymbol{A}\Delta V \tag{3.9}$$

という関係式が得られる．今，**図 3.1** に示すような隣接した 2 つの微小領域 V_1，V_2 に対する式 (3.9) の左辺の量の和

$$\sum_{\mathrm{V}_1\text{ を囲む面}} \boldsymbol{A}\cdot\boldsymbol{n}\Delta S + \sum_{\mathrm{V}_2\text{ を囲む面}} \boldsymbol{A}\cdot\boldsymbol{n}\Delta S \tag{3.10}$$

がどのようになるか考えよう．領域 V_1 と V_2 の境界面（図3.1 の網掛け部分）ではベクトル場 $\boldsymbol{A}$ と面の面積 ΔS は領域 V_1 と V_2 でそれぞれ共通であり，一方，領域 V_1 と V_2 のその面に対する外向き法線ベクトル $\boldsymbol{n}_1$，$\boldsymbol{n}_2$ の間には $\boldsymbol{n}_2 = -\boldsymbol{n}_1$ の関係があるので，式 (3.10) において網掛けした面に対する寄与は第 1 項と第 2 項で互いに打ち消し合って 0 になる．そして領域 V_1 と V_2 を合わせた領域 V を囲む面に対して求められる

$$\sum_{\mathrm{V}\text{ を囲む面}} \boldsymbol{A}\cdot\boldsymbol{n}\Delta S \tag{3.11}$$

が残ることになる．

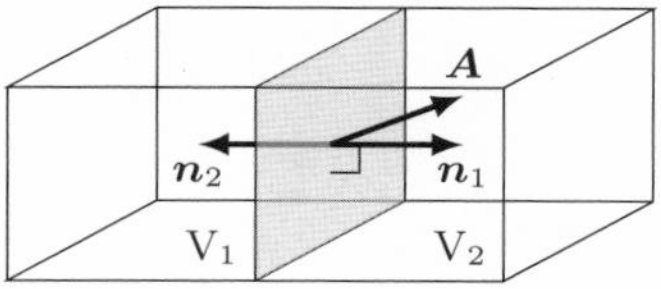

図 3.1　隣接した 2 つの微小領域 V_1 と V_2

以上の議論は隣接する微小領域の数を増やしていった場合でも成り立つので，**図 3.2** のような有限の大きさをもった領域 V について，その内部を分割して得られるすべての微小領域に対する式 (3.9) の左辺の和は，領域 V を囲む閉曲面 S に対して求めた値に等しい．このことを形式的に式で表すと

$$\sum_{\mathrm{V}}\left(\sum_{\text{微小領域を囲む面}} \boldsymbol{A}\cdot\boldsymbol{n}\Delta S\right) = \sum_{\mathrm{S}} \boldsymbol{A}\cdot\boldsymbol{n}\Delta S \tag{3.12}$$

となる．式 (3.12) の左辺に式 (3.9) を代入して

$$\sum_{\mathrm{V}} \boldsymbol{\nabla}\cdot\boldsymbol{A}\Delta V = \sum_{\mathrm{S}} \boldsymbol{A}\cdot\boldsymbol{n}\Delta S \tag{3.13}$$

を得る．なお，式 (3.13) に現れる微小体積 ΔV を**体積要素**，領域表面の微小面積 ΔS，または ΔS とその法線ベクトル $\boldsymbol{n}$ との積 $\boldsymbol{n}\Delta S$ を**面積要素**とよぶ．体積要素 $\Delta V \to 0$ および面積要素 $\Delta S \to 0$ の極限をとることにより式 (3.13) の両辺はそれぞれ積分で置き換えることができ，ベクトル場 $\boldsymbol{A}$ に対する領域 V を囲む閉曲面 S 上での面積積分と領域 V 内の体積積分との間の関係を表す次の**ガウスの定理**を得る（慣例に従って面積積分を左辺に置いている）．

ガウスの定理

$$\int_{\mathrm{S}} \boldsymbol{A} \cdot \boldsymbol{n}\, \mathrm{d}S = \int_{\mathrm{V}} \boldsymbol{\nabla} \cdot \boldsymbol{A}\, \mathrm{d}V \tag{3.14}$$

※ V は閉曲面 S で囲まれた内部の領域

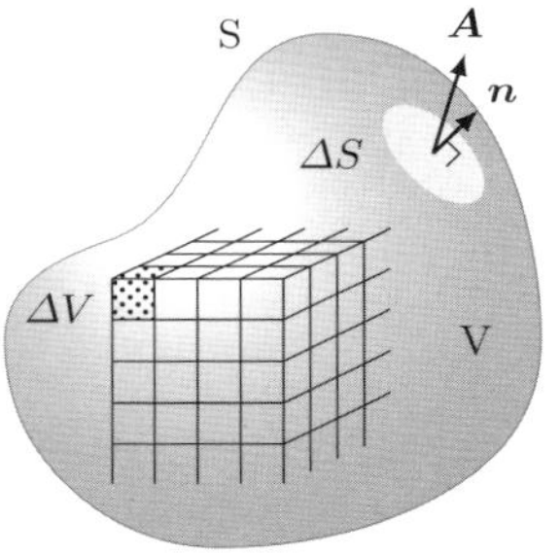

図 3.2　微小領域に分割した領域 V とそれを囲む閉曲面 S

3.2.2　ガウスの法則

電場 $\boldsymbol{E}$ に式 (3.14) のガウスの定理を適用し，電場 $\boldsymbol{E}$ の発散 $\boldsymbol{\nabla} \cdot \boldsymbol{E}$ をマクスウェル方程式 (3.6) を用いて電荷密度 ρ で書くと

$$\int_{\mathrm{S}} \boldsymbol{E} \cdot \boldsymbol{n}\, \mathrm{d}S = \frac{1}{\varepsilon_0} \int_{\mathrm{V}} \rho\, \mathrm{d}V \tag{3.15}$$

という関係式が得られる．ここで S は空間中の任意の閉曲面であり，V は S によって囲まれた内部の領域を示す（図3.2 参照）．式 (3.15) 右辺の ρ は電荷密度，すなわち単位体積あたりの電荷量であるから，$\rho \Delta V$ は微小領域 ΔV に含まれる電荷の量である．したがって式 (3.15) 右辺の体積積分 $\int_{\mathrm{V}} \rho\, \mathrm{d}V$ は領域 V 中の電荷をすべて足し合わせたものとなるので，それを Q とおいて次の**ガウ**

スの法則を得る．

ガウスの法則

$$\int_{\mathrm{S}} \boldsymbol{E} \cdot \boldsymbol{n} \, \mathrm{d}S = \frac{Q}{\varepsilon_0} \tag{3.16}$$

※ Q は閉曲面 S 内にある電荷の合計

式 (3.15) とガウスの定理 (3.14) からマクスウェル方程式 (3.6) を導くことができるので（章末問題 3-2），ガウスの法則 (3.16) とマクスウェル方程式 (3.6) は等価であるといえる．しかし，ある状況下ではマクスウェル方程式 (3.6) を解くよりガウスの法則 (3.16) から電場 $\boldsymbol{E}$ を求める方が容易な場合がある．その典型的な例が点電荷が作る電場である．

3.2.3　点電荷が作る電場

原点に置いた点電荷 q がその周りに作る電場 $\boldsymbol{E}$ をガウスの法則を用いて求めよう．**図 3.3** のように，点電荷 q を中心とする半径 r の球面を S，その内部を V として，そこにガウスの法則 (3.16) を適用する．

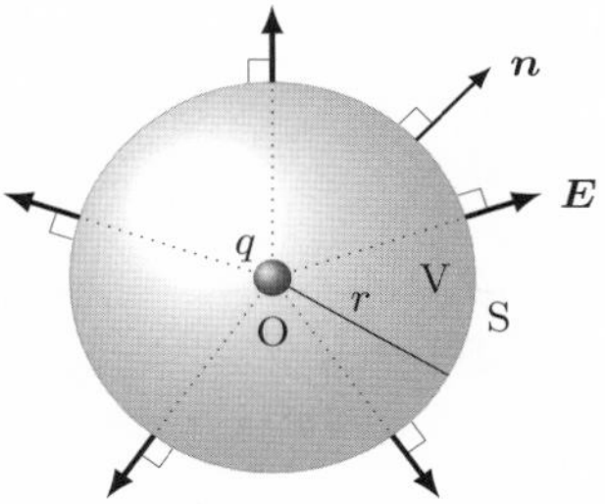

図 3.3　点電荷 q を中心とする半径 r の球面 S とその内部 V

まず，領域 V の中には電荷は点電荷 q しか存在しないので，領域 V 中の電荷の合計は $Q = q$ である．次に，式 (3.16) の左辺の電場 $\boldsymbol{E}$ の表面積分を求めよう．今，電荷 q のほかには電荷は存在しないとすると，電荷 q を中心としたあらゆる方向がすべて同等であり，電場の様子は電荷 q から見てすべての方向で同じように見えなければならない．このようになるのは，電場が電荷 q を中心として放射状に生じている場合であり，球面 S 上のすべての位置において電場 $\boldsymbol{E}$ は球面 S に直交することになる．またこのとき，球面 S 上の位置 $\boldsymbol{r}$ にお

ける電場 $\boldsymbol{E}$ の球面 S に垂直な成分 $\boldsymbol{E}\cdot\boldsymbol{n}$（$\boldsymbol{n}$ は球面 S 上の外向き法線ベクトル）は $\boldsymbol{r}$ の向きには依存せず，その大きさ r だけに依存することになるのでこれを $E(r)$ とおくと，球面 S 上で r は一定であるから $E(r)$ は積分の外に出すことができて

$$\int_{\mathrm{S}} \boldsymbol{E}\cdot\boldsymbol{n}\,\mathrm{d}S = \int_{\mathrm{S}} E(r)\,\mathrm{d}S = E(r)\int_{\mathrm{S}} \mathrm{d}S = 4\pi r^2 E(r) \tag{3.17}$$

を得る．ここで，積分 $\int_{\mathrm{S}} \mathrm{d}S$ は，微小面積 ΔS を球面 S 上ですべて足し合わせたものなので，球面 S の表面積 $4\pi r^2$ になることを用いた．以上をまとめて，次の表式を得る．

原点にある電荷 q が距離 r に作る電場

$$E(r) = \frac{1}{4\pi\varepsilon_0}\frac{q}{r^2} \tag{3.18}$$

また，電場 $\boldsymbol{E}$ は点電荷 q から見た動径方向の向きをもつので，式 (3.18) に動径方向の単位ベクトル $\boldsymbol{r}/r$ を掛けることで，ベクトルを用いて次のように表すこともできる．

原点にある電荷 q が位置 $\boldsymbol{r}$ に作る電場（ベクトルによる表現）

$$\boldsymbol{E}(\boldsymbol{r}) = \frac{1}{4\pi\varepsilon_0}\frac{q}{r^3}\boldsymbol{r} \tag{3.19}$$

式 (3.19) は原点に点電荷がある場合のマクスウェル方程式 (3.6) の解に対応している．しかし，静電場はもう 1 つのマクスウェル方程式 (3.7) も満たさなければならない．その確認は読者のための練習問題として残しておこう．

♦ **練習問題** 3.1　式 (3.19) がマクスウェル方程式 (3.7) を満たすことを示せ．

■電荷が原点以外の位置にある場合　**図 3.4** のように，電荷 q が原点ではなく位置 $\boldsymbol{r}'$ にあるときは，電荷 q と位置 $\boldsymbol{r}$ を結ぶベクトルは $\boldsymbol{r}-\boldsymbol{r}'$ と表されるので，式 (3.19) の右辺の $\boldsymbol{r}$ を $\boldsymbol{r}-\boldsymbol{r}'$ で置き換えて次式を得る．

位置 $\boldsymbol{r}'$ にある電荷 q が位置 $\boldsymbol{r}$ に作る電場

$$\boldsymbol{E}(\boldsymbol{r}) = \frac{q}{4\pi\varepsilon_0}\frac{\boldsymbol{r}-\boldsymbol{r}'}{|\boldsymbol{r}-\boldsymbol{r}'|^3} \tag{3.20}$$

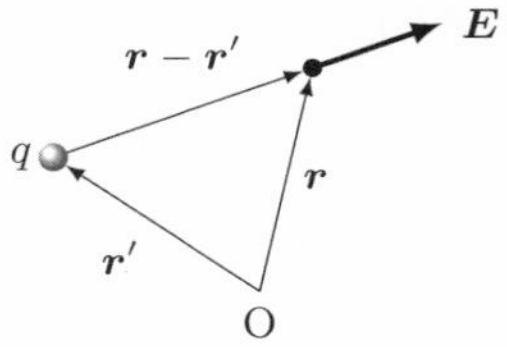

図 3.4　位置 $\boldsymbol{r}'$ にある点電荷が位置 $\boldsymbol{r}$ に作る電場

3.2.4　クーロンの法則

原点に点電荷 q_1 があった場合，式 (3.19) よりその周囲には

$$\boldsymbol{E}_1(\boldsymbol{r}) = \frac{1}{4\pi\varepsilon_0}\frac{q_1}{r^3}\boldsymbol{r}$$

の電場が作られる．電場の中にある電荷には式 (1.16) で表される力が加わるので，位置 $\boldsymbol{r}$ に別の点電荷 q_2 を置くと，電荷 q_2 には

$$\boldsymbol{F}_{1\to2} = q_2\boldsymbol{E}_1(\boldsymbol{r}) = \frac{1}{4\pi\varepsilon_0}\frac{q_1q_2}{r^3}\boldsymbol{r} \tag{3.21}$$

の力が加わることになる（**図3.5**）．このとき電荷 q_1 には，作用反作用の法則により $\boldsymbol{F}_{1\to2}$ と大きさが同じで逆向きの力 $\boldsymbol{F}_{2\to1} = -\boldsymbol{F}_{1\to2}$ が加わる[*3]．

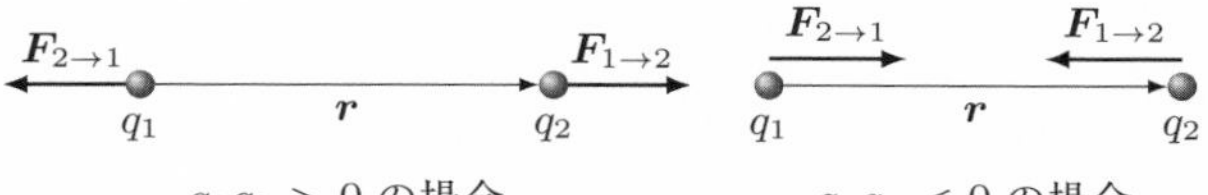

図 3.5　2つの点電荷 q_1 と q_2 に加わる力

このような2つの電荷の間にはたらく力を**クーロン力**とよぶ．力の向きに着目すると，電荷 q_1 と q_2 が同符号のとき，すなわち $q_1q_2 > 0$ のときは力 $\boldsymbol{F}_{1\to2}$ はベクトル $\boldsymbol{r}$ と同じ向きをもち，$\boldsymbol{F}_{1\to2}$ と $\boldsymbol{F}_{2\to1}$ は逆向きなので2つの電荷は互

[*3] 点電荷 q_2 が作る電場中に点電荷 q_1 を置いたとして計算しても同じ結果が得られる．

いに反発し合うことになり，クーロン力は**斥力**としてはたらく．一方，$q_1q_2 < 0$ の場合は互いに引きつけ合い，クーロン力は**引力**としてはたらく．クーロン力 $\boldsymbol{F}_{1\to2}$ (3.21) のベクトル $\boldsymbol{r}$ にそった成分 F は

$$F = \boldsymbol{F}_{1\to2} \cdot \frac{\boldsymbol{r}}{r} = \frac{1}{4\pi\varepsilon_0}\frac{q_1q_2}{r^4}\boldsymbol{r}\cdot\boldsymbol{r} = \frac{1}{4\pi\varepsilon_0}\frac{q_1q_2}{r^2}$$

となるので，これより次の**クーロンの法則**が得られる．

クーロンの法則

距離 r だけ離れた電荷 q_1 と q_2 の間には2つの電荷を結ぶ直線にそって

$$F = \frac{1}{4\pi\varepsilon_0}\frac{q_1q_2}{r^2} \tag{3.22}$$

のクーロン力が加わる．ただし，$F > 0$ のときは斥力であり，$F < 0$ のときは引力である．

3.3　ガウスの法則のほかの応用例

われわれは **3.2.3 項**において，ガウスの法則 (3.16) から点電荷がその周りに作る電場を求めた．ここではガウスの法則を利用して求めることのできる電場の他のいくつかの例を紹介する．

3.3.1　球の内部に一様に分布した電荷が作る電場

図 3.6 のように，原点を中心とした球の内部に一様に分布した電荷が作る電場を求めよう．電荷の合計は Q で，球の半径を a とする．原点を中心とした半径 r の球面 S を，球の外側にとる場合 ($r \geq a$) と内側にとる場合 ($r < a$) とに分けて考える．ただし，どちらの場合も点電荷のときと同様の議論から，電場は r のみに依存する球面 S に垂直な成分 $E(r)$ だけをもち，式 (3.17) が成り立つとしてよい．

(1)　$r \geq a$ の場合

球面 S 内の電荷の合計は Q なので，式 (3.18) の q を Q に置き換えて

$$E(r) = \frac{1}{4\pi\varepsilon_0}\frac{Q}{r^2} \tag{3.23}$$

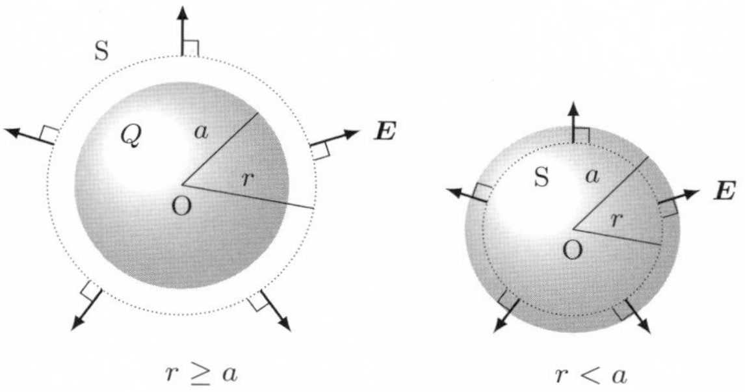

図 3.6　球の内部に一様に分布した電荷の周りの電場の様子

を得る.

(2)　$r < a$ の場合

合計 Q の電荷が半径 a の球に一様に分布しているので，球内の電荷密度は $\rho = Q/(4\pi a^3/3)$ である．よって球面 S 内の電荷の量は $(4\pi r^3/3)\rho = Q(r/a)^3$ となり，式 (3.18) の q をこの値で置き換えて

$$E(r) = \frac{1}{4\pi\varepsilon_0}\frac{Q}{r^2}\left(\frac{r}{a}\right)^3 = \frac{1}{4\pi\varepsilon_0}\frac{Q\,r}{a^3} \tag{3.24}$$

を得る.

3.3.2　無限に長い直線上に分布した電荷が作る電場

図 3.7 のように，電荷が無限に長い直線上に線密度（単位長さあたりの電荷量）λ で一様に分布している場合の電場を考えよう.

電荷は直線上に一様に分布しているので，電場の様子は直線から見てどの方向も等しく，かつ直線の向きを逆転させた場合にも不変でなければならない．これより電場 $\boldsymbol{E}$ は直線に垂直でその大きさは直線からの距離のみに依存するとしてよい．このとき，図 3.7 のように直線を中心軸にもつ円柱を考えると，電場 $\boldsymbol{E}$ は常に円柱の側面に垂直でその大きさは側面上ですべて等しくなる.

この円柱の半径を r，高さを l としてガウスの法則 (3.16) を適用する．まず左辺の積分を求めよう．円柱の上面と下面で電場 $\boldsymbol{E}$ は面に平行なので面に垂直な成分 $\boldsymbol{E}\cdot\boldsymbol{n}$ は 0 となる．したがって，積分 $\int \boldsymbol{E}\cdot\boldsymbol{n}\,\mathrm{d}S$ は側面のみに対し

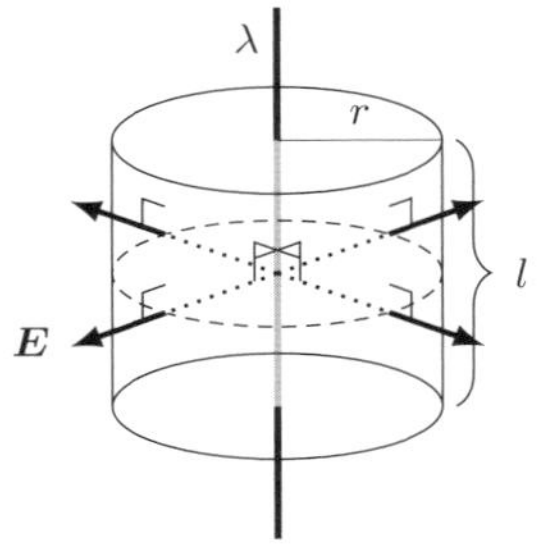

図 3.7 無限に長い直線上に一様に分布した電荷の周りの電場

て実行すればよい．一方，電場 $\boldsymbol{E}$ の円柱の側面に垂直な成分は円柱の半径 r のみに依存するので，これを $\boldsymbol{E}\cdot\boldsymbol{n}=E(r)$ とおけば

$$\int_{\text{円柱面}}\boldsymbol{E}\cdot\boldsymbol{n}\,\mathrm{d}S=\int_{\text{側面}}E(r)\,\mathrm{d}S=E(r)\int_{\text{側面}}\mathrm{d}S=2\pi rlE(r)$$

を得る．ここで積分 $\int_{\text{側面}}\mathrm{d}S$ は円柱の側面の面積（$=2\pi rl$）になることを用いた．円柱内の電荷の合計は λl により与えられるので，以上をガウスの法則 (3.16) に代入して

$$E(r)=\frac{1}{2\pi rl}\frac{\lambda l}{\varepsilon_0}=\frac{\lambda}{2\pi\varepsilon_0 r}$$

を得る．

3.3.3 広い平板上に一様に分布した電荷が作る電場

電荷が広い平板上に面密度（単位面積あたりの電荷量）σ で分布している場合の電場について考えよう．一般には平板のへりの部分と中央近くでは電場の様子は異なるが，「広い」という語はその影響が無視できるくらい広いということを表している．このとき，平板上のどの位置から見ても電場の様子は等しくなければならないので，電場は平板に対して垂直な方向をもち，その大きさは平板上の位置によらない[*4]．また，平板の上下をひっくり返しても電荷の分布は変化しないことから，平板の上下で電場は逆向きになることがわかる．

ここで，**図3.8** のように上面と下面が平板と平行で，それぞれが平板の反対側に等距離になるように置いた円柱を考え，この円柱に対してガウスの法

[*4] この段階では，平板からの距離に依存する可能性はまだ残されている．

則 (3.16) を適用する．円柱の側面と電場 $\boldsymbol{E}$ は平行になるので側面における電場の法線成分 $\boldsymbol{E}\cdot\boldsymbol{n}$ は 0 である．また，円柱の上面と下面は平板から等距離にあるのでその距離を r とおくと，上面と下面における電場の法線成分は等しく距離 r の関数として $E(r)$ と書くことができる．したがって，円柱の底面積を S とすればガウスの法則 (3.16) の左辺は

$$\int_{\text{円柱面}} \boldsymbol{E}\cdot\boldsymbol{n}\,\mathrm{d}S = \int_{\text{上面+下面}} E(r)\,\mathrm{d}S = E(r)\int_{\text{上面+下面}} \mathrm{d}S = 2SE(r)$$

となる．一方，円柱内部の電荷の合計は σS なので，以上をガウスの法則 (3.16) に代入して

$$E(r) = \frac{1}{2S}\frac{\sigma S}{\varepsilon_0} = \frac{\sigma}{2\varepsilon_0} \tag{3.25}$$

を得る．結果として，電場 $\boldsymbol{E}$ は平板からの距離 r に依存しないことに注意しよう．

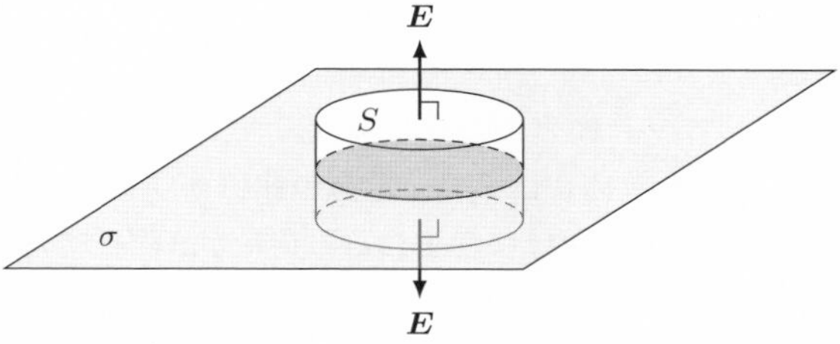

図 3.8　電荷が一様に分布した広い平板と仮想的に置いた円柱

3.4　分布した電荷が作る電場

われわれは点電荷によって作られる電場が式 (3.19) あるいは式 (3.20) により与えられることを導いた．本節では，点電荷が複数存在する場合や，より一般的に電荷が連続的に分布している場合に作られる電場について考える．

今，**図3.9** のように 2 つの点電荷 q_1 と q_2 が同時に存在したとき，電荷 q_1 と q_2 が位置 $\boldsymbol{r}$ に作る電場をそれぞれ $\boldsymbol{E}_1$，$\boldsymbol{E}_2$ とおくと，位置 $\boldsymbol{r}$ には $\boldsymbol{E}_1$ と $\boldsymbol{E}_2$ をベクトルとして足し合わせた

$$\boldsymbol{E} = \boldsymbol{E}_1 + \boldsymbol{E}_2$$

の電場が作られることがわかっている．これを**重ね合わせの原理**という．この原理に基づけば，一般に複数の点電荷 q_1，q_2，... がそれぞれ位置 $\boldsymbol{r}_1$，$\boldsymbol{r}_2$，... にある場合，各電荷が作る電場は式 (3.20) で与えられるので，これらの電荷が位置 $\boldsymbol{r}$ に作る電場は

$$\boldsymbol{E}(\boldsymbol{r}) = \sum_i \frac{q_i}{4\pi\varepsilon_0} \frac{\boldsymbol{r} - \boldsymbol{r}_i}{|\boldsymbol{r} - \boldsymbol{r}_i|^3} \tag{3.26}$$

となる．

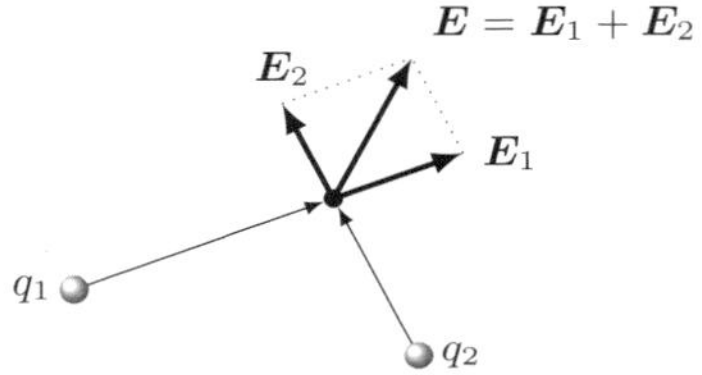

図 3.9　2 つの点電荷が作る電場（重ね合わせの原理）

電荷が**図 3.10** のように領域 V の中に連続的に分布している場合は，領域 V を微小領域に分割して，それぞれの微小領域に含まれる電荷を点電荷と考えて，それらが作る電場を求めればよい．電荷の体積密度を ρ，微小領域の体積を $\varDelta V'$ とおけば，この微小領域に含まれる電荷は $\rho\varDelta V'$ となるので，この微小領域の位置を $\boldsymbol{r}'$ とおくと，領域 V 中の電荷が位置 $\boldsymbol{r}$ に作る電場は式 (3.26) の電荷 q_i を $\rho\varDelta V'$ に置き換えて

$$\boldsymbol{E}(\boldsymbol{r}) = \sum_{\mathrm{V}} \frac{\rho(\boldsymbol{r}')\,\varDelta V'}{4\pi\varepsilon_0} \frac{\boldsymbol{r} - \boldsymbol{r}'}{|\boldsymbol{r} - \boldsymbol{r}'|^3} \tag{3.27}$$

により与えられる．ここで右辺の和は領域 V 中の微小領域すべてに対して行う．微小領域の体積 $\varDelta V' \to 0$ の極限において式 (3.27) は積分で表すことができ，次式を得る．

体積密度 ρ で分布した電荷が作る電場

$$\boldsymbol{E}(\boldsymbol{r}) = \frac{1}{4\pi\varepsilon_0} \int_{\mathrm{V}} \rho(\boldsymbol{r}') \frac{\boldsymbol{r} - \boldsymbol{r}'}{|\boldsymbol{r} - \boldsymbol{r}'|^3}\, \mathrm{d}V' \tag{3.28}$$

式 (3.28) は電荷密度 ρ が与えられた場合に対するマクスウェル方程式 (3.6) の解に対応している．

◆ **練習問題** 3.2　式 (3.28) がマクスウェル方程式 (3.7) を満たすことを示せ．ナブラ $\boldsymbol{\nabla}$ は位置 $\boldsymbol{r}$ のみに作用することに注意すること．

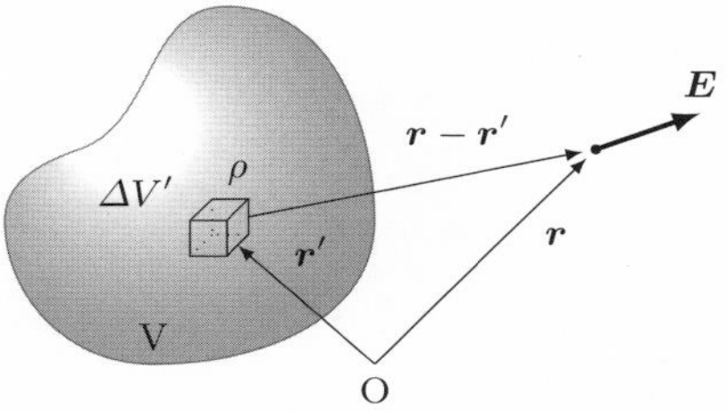

図 3.10　体積密度 ρ で分布した電荷が作る電場

3.5 電位

一般にベクトル場 $\boldsymbol{A}$ の回転が 0，すなわち $\boldsymbol{\nabla}\times\boldsymbol{A}=0$ が成立するとき，$\boldsymbol{A}=\boldsymbol{\nabla}\varphi$ を満たすスカラー場 φ が常に存在することが知られている．この定理の証明は省略するが，

$$\boldsymbol{\nabla}\times(\boldsymbol{\nabla}\varphi)=\left(\frac{\partial^2\varphi}{\partial y\partial z}-\frac{\partial^2\varphi}{\partial z\partial y},\frac{\partial^2\varphi}{\partial z\partial x}-\frac{\partial^2\varphi}{\partial x\partial z},\frac{\partial^2\varphi}{\partial x\partial y}-\frac{\partial^2\varphi}{\partial y\partial x}\right)=0$$

が常に成り立つことから，$\boldsymbol{A}=\boldsymbol{\nabla}\varphi$ ならば $\boldsymbol{\nabla}\times\boldsymbol{A}=0$ であることは，ただちに示される．

静電場はマクスウェル方程式 (3.7) を満たすので，$\boldsymbol{E}=\boldsymbol{\nabla}\varphi$ となるスカラー場 φ が存在することになる．スカラー場 φ の符号は任意なので，後の都合により φ の符号を逆にしたスカラー場 $\phi=-\varphi$ を導入する．このスカラー場 ϕ を**電位**または**静電ポテンシャル**，あるいは**スカラーポテンシャル**という[*5]．これより，電場 $\boldsymbol{E}$ は電位 ϕ の負の勾配として次のように表される．

電場 $\boldsymbol{E}$ と電位 ϕ の関係

$$\boldsymbol{E}=-\boldsymbol{\nabla}\phi \tag{3.29}$$

*5 単位は $\mathbf{V}$（**ボルト**）である．

ここで式 (2.31) において $n=1$ とし，ナブラ $\boldsymbol{\nabla}$ は $\boldsymbol{r}'$ には作用せず，$\boldsymbol{r}$ のみに作用することに留意すると

$$\boldsymbol{\nabla}\frac{1}{|\boldsymbol{r}-\boldsymbol{r}'|}=-\frac{\boldsymbol{r}-\boldsymbol{r}'}{|\boldsymbol{r}-\boldsymbol{r}'|^3} \tag{3.30}$$

と計算できるので，式 (3.20) の右辺に式 (3.30) を代入すると

$$\boldsymbol{E}(\boldsymbol{r})=-\frac{q}{4\pi\varepsilon_0}\boldsymbol{\nabla}\frac{1}{|\boldsymbol{r}-\boldsymbol{r}'|}=-\boldsymbol{\nabla}\frac{q}{4\pi\varepsilon_0}\frac{1}{|\boldsymbol{r}-\boldsymbol{r}'|}$$

となる．式 (3.29) と比べて点電荷が作る電位 ϕ に対する次の表式を得る．

位置 $\boldsymbol{r}'$ にある点電荷 q が作る電位

$$\phi(\boldsymbol{r})=\frac{q}{4\pi\varepsilon_0}\frac{1}{|\boldsymbol{r}-\boldsymbol{r}'|} \tag{3.31}$$

◆ **練習問題** 3.3　式 (3.30) が成り立つことを示せ．

■電位の基準点　ここで電位の基準点，すなわち $\phi(\boldsymbol{r})=0$ となる位置 $\boldsymbol{r}$ に関する注意点について触れておこう．$\boldsymbol{E}=-\boldsymbol{\nabla}\phi$ を与える ϕ に任意定数 ϕ_0 を加えても，

$$\boldsymbol{E}'=-\boldsymbol{\nabla}(\phi+\phi_0)=-\boldsymbol{\nabla}\phi=\boldsymbol{E}$$

のように ϕ から導かれる電場 $\boldsymbol{E}$ と同一の電場が得られる．物理的に観測可能なのは電位 ϕ ではなく電場 $\boldsymbol{E}$ なので，このことは任意の位置 $\boldsymbol{r}$ を電位の基準点に選んでよいことを示している．すなわち，$\phi(\boldsymbol{r}_0)\neq 0$ である任意の位置 $\boldsymbol{r}_0$ に対して $\phi'(\boldsymbol{r})=\phi(\boldsymbol{r})-\phi(\boldsymbol{r}_0)$ とおくことにより，いつでも $\phi'(\boldsymbol{r}_0)=0$ とすることができる．電位には常に基準点の不定性が含まれていることに注意しておく必要がある．なお，式 (3.31) で与えられる電位は，暗黙の内に無限遠点 ($|\boldsymbol{r}|\to\infty$) を電位の基準点に選んでいる．

電位についても重ね合わせの原理が適用できるので，**3.4 節**と同じ議論により，複数の点電荷 q_1，q_2，...がそれぞれ位置 $\boldsymbol{r}_1$，$\boldsymbol{r}_2$，...にある場合の電位は

$$\phi(\boldsymbol{r})=\sum_i\frac{q_i}{4\pi\varepsilon_0}\frac{1}{|\boldsymbol{r}-\boldsymbol{r}_i|} \tag{3.32}$$

により与えられ，電荷が体積密度 ρ で連続して分布している場合の電位は

$$\phi(\boldsymbol{r}) = \frac{1}{4\pi\varepsilon_0}\int_{\mathrm{V}} \frac{\rho(\boldsymbol{r}')}{|\boldsymbol{r}-\boldsymbol{r}'|}\,\mathrm{d}V' \tag{3.33}$$

で与えられることは容易にわかるだろう．なお，式 (3.32)，(3.33) ともに基準点は無限遠点である．

3.5.1　ポアソン方程式

電場と電位の関係式 (3.29) を静電場に関するマクスウェル方程式 (3.6) に代入すると，電位 $\phi(\boldsymbol{r})$ に関する方程式

$$\boldsymbol{\nabla}\cdot\boldsymbol{\nabla}\phi(\boldsymbol{r}) = -\frac{\rho(\boldsymbol{r})}{\varepsilon_0}$$

が導かれる．ここで

$$\boldsymbol{\nabla}\cdot\boldsymbol{\nabla}\phi = \frac{\partial^2\phi}{\partial x^2} + \frac{\partial^2\phi}{\partial y^2} + \frac{\partial^2\phi}{\partial z^2} = \left(\frac{\partial^2}{\partial x^2} + \frac{\partial^2}{\partial y^2} + \frac{\partial^2}{\partial z^2}\right)\phi = \nabla^2\phi$$

を用いて左辺を書き直して，電位 ϕ に関する次の**ポアソン方程式**を得る．

ポアソン方程式

$$\nabla^2\phi(\boldsymbol{r}) = -\frac{\rho(\boldsymbol{r})}{\varepsilon_0} \tag{3.34}$$

特に，$\rho(\boldsymbol{r}) = 0$ の場合の方程式

$$\nabla^2\phi(\boldsymbol{r}) = 0 \tag{3.35}$$

は**ラプラス方程式**とよばれている．

電場 $\boldsymbol{E}$ はベクトルなので 3 成分の量であるのに対し，電位 ϕ は 1 成分のスカラー場であることから，マクスウェル方程式 (3.1) を直接解くよりも，まずポアソン方程式 (3.34) を解いて，得られた解から式 (3.29) によって電場 $\boldsymbol{E}$ を求める方が容易な場合がある．

■ポアソン方程式の解　分布した電荷が作る電位 (3.33) は，静電場に関するマクスウェル方程式 (3.6) から得られたものなので，同じ方程式から導かれたポ

アソン方程式 (3.34) の解となっている．そのことを直接確かめることは本書の範囲を越えるので割愛するが，この結果は **5.4.2 項**で用いるので心に留めておこう．

3.5.2 電位の物理的意味

図 3.11 に示すように，電場 $\boldsymbol{E}$ の中を電荷 q を力の釣り合いを保ちながら，ある経路にそって点 A から点 B にゆっくり運ぶために必要な仕事 W を計算してみよう．電荷 q が電場 $\boldsymbol{E}$ から受ける力 $q\boldsymbol{E}$ と釣り合いを保つために必要な力は $\boldsymbol{F} = -q\boldsymbol{E}$ なので，経路上を微小変位 $\Delta\boldsymbol{l}$ だけ移動するのに要する仕事は

$$\Delta W = \boldsymbol{F} \cdot \Delta\boldsymbol{l} = -q\boldsymbol{E} \cdot \Delta\boldsymbol{l}$$

である．点 A から点 B まで運ぶのに要する仕事 W は，仕事 ΔW を経路上ですべて足し合わせることで得られるので

$$W = \sum_{\mathrm{A}}^{\mathrm{B}} \Delta W = -q \sum_{\mathrm{A}}^{\mathrm{B}} \boldsymbol{E} \cdot \Delta\boldsymbol{l} \tag{3.36}$$

により与えられる．なお，式 (3.36) は $\Delta\boldsymbol{l} \to 0$ の極限をとることにより，積分の形

$$W = -q \int_{\mathrm{A}}^{\mathrm{B}} \boldsymbol{E} \cdot \mathrm{d}\boldsymbol{l} \tag{3.37}$$

で表すこともできる．

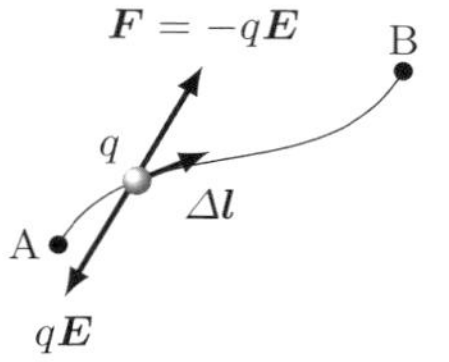

図 3.11 点 A から点 B に電荷 q を釣り合いを保ちながらゆっくり運ぶ

式 (3.36) は，右辺の電場 $\boldsymbol{E}$ を式 (3.29) によって $-\boldsymbol{\nabla}\phi$ で置き換えて，さらに式 (2.41) より，2 点 $\boldsymbol{r}$ と $\boldsymbol{r} + \Delta\boldsymbol{r}$ の間の電位の差 $\Delta\phi(\boldsymbol{r})$ が

$$\Delta\phi(\boldsymbol{r}) = \phi(\boldsymbol{r} + \Delta\boldsymbol{l}) - \phi(\boldsymbol{r}) = \boldsymbol{\nabla}\phi \cdot \Delta\boldsymbol{l} \tag{3.38}$$

と書けることを用いると

$$W = q \sum_{\mathrm{A}}^{\mathrm{B}} \Delta\phi(\boldsymbol{r})$$

となる．右辺を $\Delta \boldsymbol{l} \to 0$，すなわち $\Delta\phi \to 0$ の極限をとることにより積分で表して

$$W = q \int_{\mathrm{A}}^{\mathrm{B}} \mathrm{d}\phi = q\{\phi(\mathrm{B}) - \phi(\mathrm{A})\} \tag{3.39}$$

が導かれる．ここで $\phi(\mathrm{A})$，$\phi(\mathrm{B})$ は，それぞれ点 A，点 B の電位である．これより

$$\phi(\mathrm{B}) - \phi(\mathrm{A}) = \frac{W}{q} \tag{3.40}$$

を得る．すなわち，点 B と点 A の電位の差（これを**電位差**という）は，単位電荷を点 A から点 B に運ぶのに要する仕事であることがわかる．なお，電位差を考える場合は，電位の基準点の不定性は始点と終点で打ち消しあうため存在しない．

■電荷がもつポテンシャルエネルギー　図3.11 において点 A を電位の基準点にとると，式 (3.40) より電荷 q を基準点から点 B に運ぶのに要する仕事 $W = q\phi(B)$ が得られる．力学的エネルギーは保存するので，この仕事は**ポテンシャルエネルギー**として電荷 q に蓄えられることになる．よって，一般に次のように表すことができる．

位置 $\boldsymbol{r}$ にある電荷 q がもつポテンシャルエネルギー

$$U = q\phi(\boldsymbol{r}) \tag{3.41}$$

3.5.3　ストークスの定理

次の議論に移る前に，ストークスの定理について述べておこう．ガウスの定理 (3.14) が面積積分と体積積分の間の関係を述べた定理であるのに対し，ストークスの定理は閉曲線にそった線積分と面積積分との間の関係を表す定理である．

今，**図3.12** のような閉曲線 C にそったベクトル場 $\boldsymbol{V}$ の循環 (2.35)

$$\oint_{\mathrm{C}} \boldsymbol{V} \cdot \mathrm{d}\boldsymbol{l} \tag{3.42}$$

を考える．このとき，閉曲線Cには図において反時計回りを正とする向きが設定されており，式 (3.42) の周回積分はこの向きに実行するものとする．

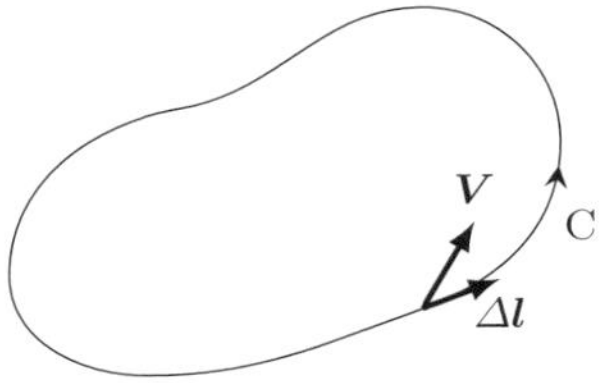

図 3.12 閉曲線Cとベクトル場 $\boldsymbol{V}$

ここで**図3.13**のように，閉曲線Cを縁とする曲面S[*6]を曲線Lによって2つの部分に分割し，分割してできた2つの曲面の縁を作る閉曲線をそれぞれC_1，C_2とする．このとき，閉曲線C_1とC_2にそったそれぞれの循環の和は，曲線Lからの寄与とそれ以外の部分からの寄与とに分けて

$$\oint_{\mathrm{C}_1}\boldsymbol{V}\cdot\mathrm{d}\boldsymbol{l}+\oint_{\mathrm{C}_2}\boldsymbol{V}\cdot\mathrm{d}\boldsymbol{l}$$
$$=\int_{\mathrm{C}_1\text{ 中の L}}\boldsymbol{V}\cdot\mathrm{d}\boldsymbol{l}+\int_{\text{L を除いた }\mathrm{C}_1}\boldsymbol{V}\cdot\mathrm{d}\boldsymbol{l}+\int_{\mathrm{C}_2\text{ 中の L}}\boldsymbol{V}\cdot\mathrm{d}\boldsymbol{l}+\int_{\text{L を除いた }\mathrm{C}_2}\boldsymbol{V}\cdot\mathrm{d}\boldsymbol{l}$$

と書くことができる．ここで曲線L上の各点においては，ベクトル$\boldsymbol{V}$は閉曲線C_1とC_2で共通であるのに対し，線要素$\Delta\boldsymbol{l}$は互いにちょうど逆向きになるので，右辺の「C_1中のL」の寄与と「C_2中のL」の寄与とが相殺して0になる．残りの「Lを除いたC_1」と「Lを除いたC_2」を合わせた部分はちょうど閉曲線C上の循環 (3.42) に等しくなることから

$$\oint_{\mathrm{C}}\boldsymbol{V}\cdot\mathrm{d}\boldsymbol{l}=\oint_{\mathrm{C}_1}\boldsymbol{V}\cdot\mathrm{d}\boldsymbol{l}+\oint_{\mathrm{C}_2}\boldsymbol{V}\cdot\mathrm{d}\boldsymbol{l}$$

が成り立つことがわかる．

同様の分割を繰り返すことにより曲面Sは無数の微小曲面に分割され，閉曲線Cにそった循環は分割によってできた各微小曲面の縁にそった循環の和に等しくなることがわかるだろう．すなわち，**図3.14**のように，C_iを曲面Sを分割して得られるi番目の微小曲面の縁を作る閉曲線とすると

[*6] 閉曲線Cを縁とする曲面であればどのように設定してもよい．

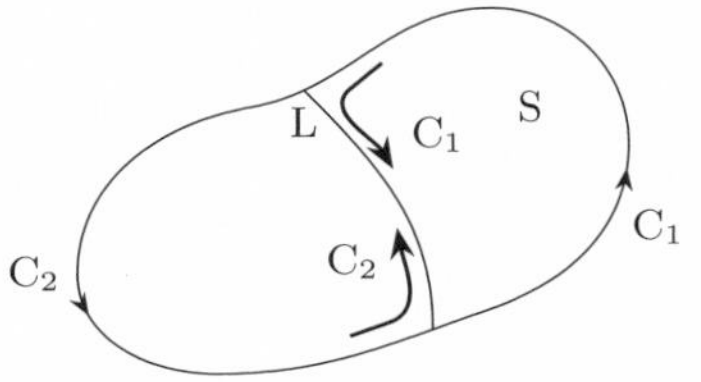

図 3.13　曲線 L によって 2 つに分割した曲面 S

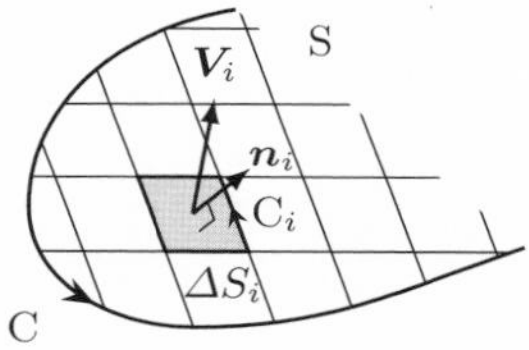

図 3.14　分割を繰り返すことにより，曲面 S は無数の微小曲面に分割される

$$\oint_{\mathrm{C}} \boldsymbol{V}\cdot \mathrm{d}\boldsymbol{l} = \sum_i \oint_{\mathrm{C}_i} \boldsymbol{V}\cdot \mathrm{d}\boldsymbol{l} \tag{3.43}$$

である．

さて，われわれは **2.4.3 項**で微小曲面の縁にそった循環について議論をした．ここで i 番目の微小曲面に対し，その面積と法線ベクトルをそれぞれ ΔS_i，$\boldsymbol{n}_i$，その位置のベクトル場 $\boldsymbol{V}$ の値を $\boldsymbol{V}_i$ とおけば，式 (3.43) 右辺のベクトル場 $\boldsymbol{V}$ の閉曲線 C_i 上の循環が，式 (2.39) より $\boldsymbol{V}_i$ の回転を用いて

$$\oint_{\mathrm{C}_i} \boldsymbol{V}\cdot \mathrm{d}\boldsymbol{l} = \boldsymbol{\nabla}\times \boldsymbol{V}_i\cdot \boldsymbol{n}_i\,\Delta S_i$$

と表されることがわかる．これを式 (3.43) の右辺に代入して，$\Delta S_i \to 0$ の極限によって和を積分で表すことにより，次の**ストークスの定理**が導かれる．

ストークスの定理

$$\oint_{\mathrm{C}} \boldsymbol{V}\cdot \mathrm{d}\boldsymbol{l} = \int_{\mathrm{S}} \boldsymbol{\nabla}\times \boldsymbol{V}\cdot \boldsymbol{n}\,\mathrm{d}S \tag{3.44}$$

※ S は閉曲線 C を縁とする任意の曲面

3.5.4 2点間の電位差

話を電位に戻して，2点間の電位差に関する重要な性質について見ておこう．まず，電荷 q を点Aから点Bに運ぶのに要する仕事 (3.37) をその仕事と2点間の電位差との関係 (3.40) に代入すると，2点A，B間の電位差と電場 $\boldsymbol{E}$ との関係式

$$\phi(\mathrm{B}) - \phi(\mathrm{A}) = -\int_{\mathrm{A}}^{\mathrm{B}} \boldsymbol{E} \cdot \mathrm{d}\boldsymbol{l} \tag{3.45}$$

が導かれる．特に，点Aを基準点，すなわち $\phi(\mathrm{A}) = 0$，としてその位置を $\boldsymbol{r}_0$，点Bの位置を一般に $\boldsymbol{r}$ とおけば，位置 $\boldsymbol{r}$ における電位 $\phi(\boldsymbol{r})$ が

$$\phi(\boldsymbol{r}) = -\int_{\boldsymbol{r}_0}^{\boldsymbol{r}} \boldsymbol{E} \cdot \mathrm{d}\boldsymbol{l} \tag{3.46}$$

によって与えられることになる．

さて，式 (3.45) や式 (3.46) の右辺はある経路にそった電場 $\boldsymbol{E}$ の積分で表されているが，積分の値はその経路に依存しないのだろうか．もし依存するのであれば，電位差を計算するときに積分の経路を指定する必要がある．このことを調べるために，**図 3.15** のように，2点A，B間の2つの異なる経路 C_1，C_2 で求めたAB間の電位差を比べてみることにしよう．

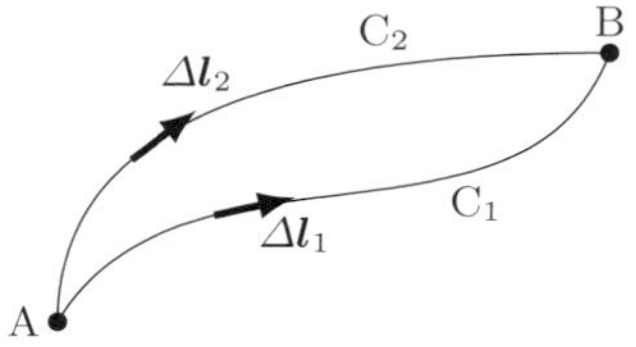

図 3.15　点A，B間の異なる2つの経路

まず，経路 C_1，C_2 にそった線要素をそれぞれ $\Delta\boldsymbol{l}_1$，$\Delta\boldsymbol{l}_2$ とすると，経路 C_1，C_2 に対応した2点A，B間の電位差（または点Aを基準にとった点Bの電位）ϕ_1，ϕ_2 は，式 (3.45) よりそれぞれ

$$\phi_1 = -\int_{\mathrm{A}}^{\mathrm{B}} \boldsymbol{E} \cdot \mathrm{d}\boldsymbol{l}_1\,, \quad \phi_2 = -\int_{\mathrm{A}}^{\mathrm{B}} \boldsymbol{E} \cdot \mathrm{d}\boldsymbol{l}_2 \tag{3.47}$$

と書ける．次に，**図 3.16** のように経路 C_1 にそって点Aから点Bに達した後，

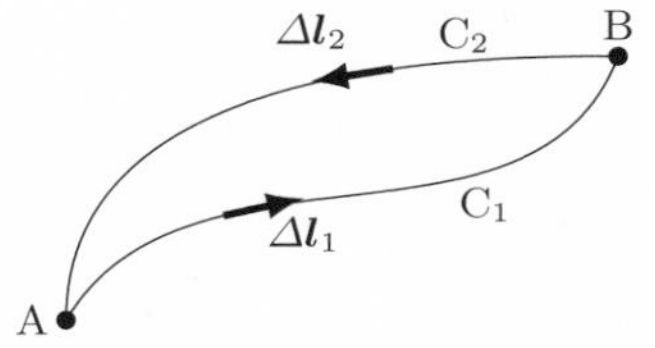

図 3.16　点 A を出発して点 B を通り，再び点 A に戻る閉じた経路

経路 C_2 を逆にたどって点 A に戻ってくる閉じた経路にそった周回積分

$$\oint_{C_1+C_2} \boldsymbol{E}\cdot \mathrm{d}\boldsymbol{l} = \int_A^B \boldsymbol{E}\cdot \mathrm{d}\boldsymbol{l}_1 + \int_B^A \boldsymbol{E}\cdot \mathrm{d}\boldsymbol{l}_2$$

を考える．右辺第 2 項において始点 A と終点 B を入れ換えると負号が付くことに注意して，式 (3.47) によって ϕ_1，ϕ_2 で置き換えると

$$\oint_{C_1+C_2} \boldsymbol{E}\cdot \mathrm{d}\boldsymbol{l} = -\phi_1 + \phi_2 \tag{3.48}$$

を得る．

ここで閉曲線 $C_1 + C_2$ を縁とする曲面を S として式 (3.48) の左辺にストークスの定理 (3.44) を適用すると

$$\oint_{C_1+C_2} \boldsymbol{E}\cdot \mathrm{d}\boldsymbol{l} = \int_S \boldsymbol{\nabla}\times\boldsymbol{E}\cdot\boldsymbol{n}\,\mathrm{d}S \tag{3.49}$$

と書くことができるが，静電場ではマクスウェル方程式 (3.7) より，常に $\boldsymbol{\nabla}\times\boldsymbol{E} = 0$ が成り立つので，式 (3.49) の右辺は 0 になり，式 (3.48) より

$$\phi_1 = \phi_2$$

が導かれる．経路 C_1，C_2 は任意に選べるので，**2 点間の電位差は積分経路によらない**という結論が得られた．これは，静電場における電位に関する重要な性質の 1 つである．

3.5.5　等電位面

一般に，等しい電位をもつ点をつなげていくと 1 つの面ができる．この面を**等電位面**という．例えば，点電荷の周りの電位は式 (3.31) より点電荷から等距

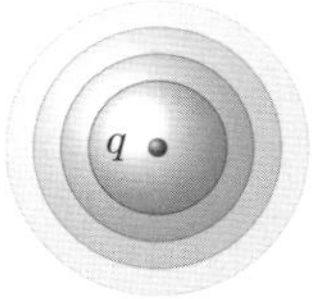

図 3.17 点電荷 q を中心とした球面がそれぞれ等電位面となる

離にある位置ではすべて等しいので，等電位面は点電荷 q を中心とした球面となる（**図3.17**）．

等電位面の一般的な性質を見ておこう．**図3.18** のように1つの等電位面上で微小変位 $\Delta\boldsymbol{r}$ だけ離れた2点の電位差 $\Delta\phi$ は，式 (3.38) より

$$\Delta\phi = \boldsymbol{\nabla}\phi \cdot \Delta\boldsymbol{r}$$

と表すことができるが，この2点は1つの等電位面上にあるので2点間で電位差はなく $\Delta\phi = 0$ である．よって $\boldsymbol{E} = -\boldsymbol{\nabla}\phi$ の関係を用いると $\boldsymbol{E} \cdot \Delta\boldsymbol{r} = 0$ が導かれる．ここで微小変位 $\Delta\boldsymbol{r}$ の向きは等電位面上において任意なので，**等電位面と電場は直交する**ことがわかる．

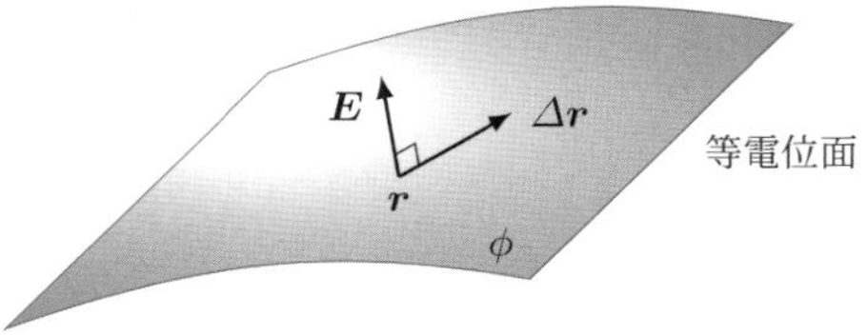

図 3.18 等電位面と電場は直交する

3.6 電気力線

電場は目に見えないが，**電気力線**を用いることにより，その様子を視覚的に表すことができるようになる．電気力線は，曲線上の各点の接線の方向がその位置の電場の方向に一致するように描いた曲線群で，電場の向きは曲線上の矢印で示される．また電場の大きさは描く曲線の密度によって表され，このとき**図3.19** のような面積 ΔS，法線ベクトル $\boldsymbol{n}$ の小さな面を貫く電気力線の数は，電場に垂直な面積 $\Delta S\cos\theta$ の面を貫く電気力線の数に等しいので

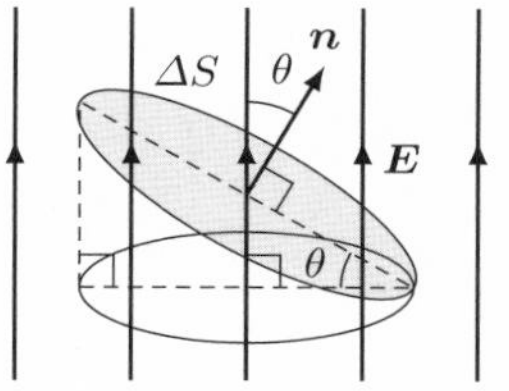

図 3.19　面積 ΔS の微小曲面を $\boldsymbol{E}\cdot\boldsymbol{n}\Delta S$ 本の電気力線が貫く

$$E\Delta S\cos\theta = \boldsymbol{E}\cdot\boldsymbol{n}\Delta S \tag{3.50}$$

によって与えられることがわかる．なお，$\boldsymbol{E}\cdot\boldsymbol{n} < 0$ の場合は，電場 $\boldsymbol{E}$ は $\boldsymbol{n}$ の向きと逆向きに面を貫いていることを示す．すると，ガウスの法則 (3.16) の左辺の積分

$$\int_{\mathrm{S}} \boldsymbol{E}\cdot\boldsymbol{n}\,\mathrm{d}S \tag{3.51}$$

は，曲面 S を法線ベクトル $\boldsymbol{n}$ で定まる向きに貫く電気力線の数を表していることになる．

ここで**図 3.20** のような，その中に電荷を含まない閉曲面 S に対してガウスの法則 (3.16) を適用すると積分 (3.51) の値が 0 となるので，この領域内から出ていく電気力線の数から入ってくる数を差し引いた正味の数も 0 本となる．これは，電荷が存在しない領域内では電気力線は発生も消滅もしないということを示している．

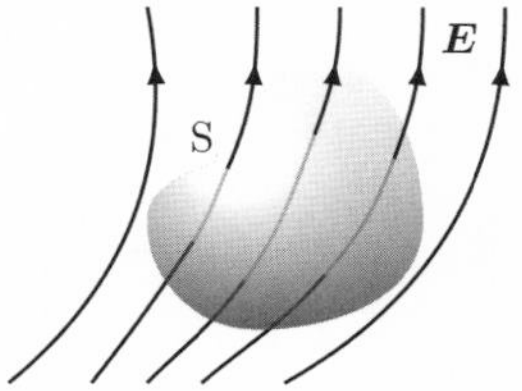

図 3.20　電荷が存在しない領域では電気力線は発生も消滅もしない

■点電荷の周りの電気力線　点電荷の周りの電場は式 (3.19) で与えられ，また電荷がない領域では電気力線は発生も消滅もしないことから，正負の電荷がそ

れぞれ単独に存在する場合の電気力線は，**図3.21** に示すように正電荷で発生して放射状に外向きに伸び，負電荷に流入して消滅することになる．

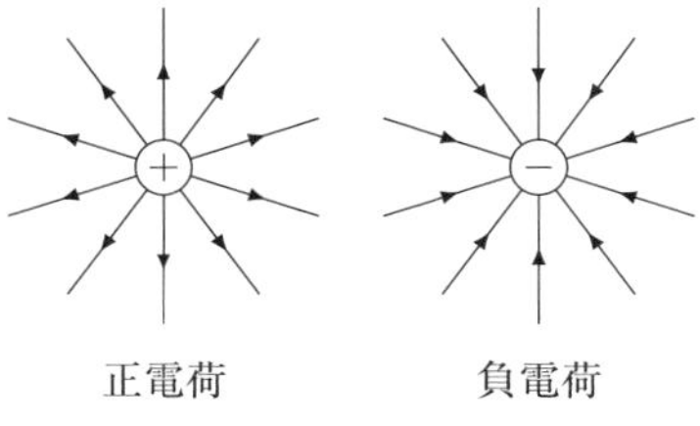

図 3.21　点電荷の周りの電気力線

■絶対値が等しい 2 つの点電荷の周りの電気力線　電荷の位置を除いては空間の 1 つの点において電場が複数の異なる向きをもつことはないので，電荷の位置以外で電気力線が交差することはない．また，正負の電荷の絶対値が等しい場合，正電荷で発生した電気力線の数と，負電荷で消滅する電気力線の数は等しい．以上のことから，絶対値が等しい 2 つの点電荷の周りの電気力線は**図3.22** のようになることがわかる．

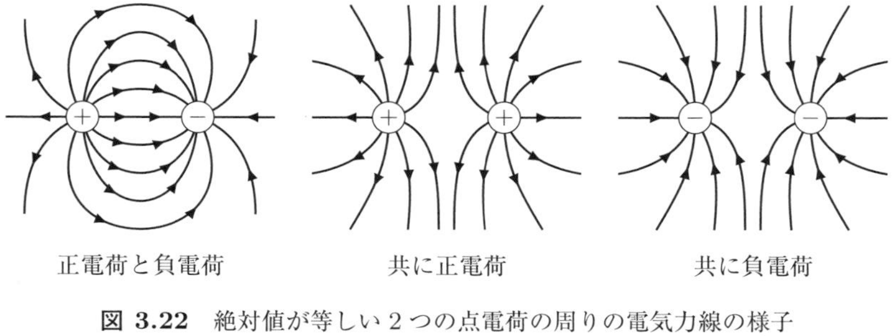

図 3.22　絶対値が等しい 2 つの点電荷の周りの電気力線の様子

3.7　導体

その中に自由に移動できる電荷（**自由電荷**）をもっており，そのため電気を通しやすい物質のことを**導体**という．代表的な導体である金属では，原子に束縛されていない**自由電子**が自由電荷の役割を担っている．通常，導体は中性の状態にあるが，何らかの理由で電子が移動してその分布に偏りが生じると，電子は負の電荷をもっているため電子が移動した後の位置は負の電荷が不足した状態，すなわち正の電気を帯びた状態となる．静電場を考えるうえではその位置に等量の正電荷が存在するものとして扱うと都合がよいので，本書ではそのように取り扱う．

3.7.1　電場の中に置いた導体

導体を電場の中に置くと，はじめ導体内の電荷は電場からローレンツ力 (1.16) を受け，正電荷は電位の低い方に，負電荷は電位の高い方に導体内をその表面まで移動する．このように，電場から受けるローレンツ力により電荷が移動する現象を**静電誘導**，その結果導体表面に現れる電荷を**誘導電荷**という．静電誘導によって導体内の電場の様子は変化するが，電荷の移動は導体内の電荷にローレンツ力が加わらなくなるまで続き，電荷の移動のない平衡状態に達する．すなわち，平衡状態においては**導体内ではどの位置も電場は 0** である．

導体内の任意の 2 点 A，B 間の電位差は，式 (3.45) より

$$\phi(\mathrm{B}) - \phi(\mathrm{A}) = -\int_{\mathrm{A}}^{\mathrm{B}} \boldsymbol{E} \cdot \mathrm{d}\boldsymbol{r}$$

で表されるが，導体内では電場 $\boldsymbol{E} = 0$ なので常に $\phi(\mathrm{B}) = \phi(\mathrm{A})$ が成り立つ．すなわち，導体内ではどの位置も電位が等しくなる．よって導体の表面は 1 つの等電位面をなすことになり，**3.5.5 項**の議論から，導体表面のすぐ外側では**電場は常に導体表面に垂直**であることがわかる．**図 3.23** は今述べた様子を電気力線と合わせて表したものである．

3.7.2　帯電した導体球が作る電場

導体と関連した電場の例として，帯電した導体球が作る電場を考えてみよう．

はじめ中性の導体球に合計 Q の電荷を与えると，それぞれの電荷は電荷間に加わるクーロン力 (3.22) により互いに反発し合い，**図 3.24** に示すように，導体球の表面に移動し一様に分布する．電荷の移動は導体球内部の電荷にローレンツ力 (1.16) が加わらなくなるまで続くので，先に述べたように平衡状態では導体球の内部の電場は 0 になる．

一方，導体球の外側については，球状に分布した電荷が球の外側に作る電場 (3.23) を求めるときに用いた議論がそのまま成り立つので，球の中心を原点

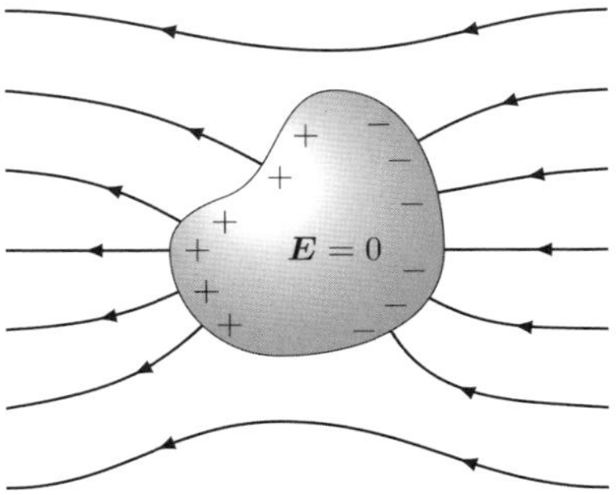

図 3.23 導体内と電荷の分布と周辺の電気力線の様子

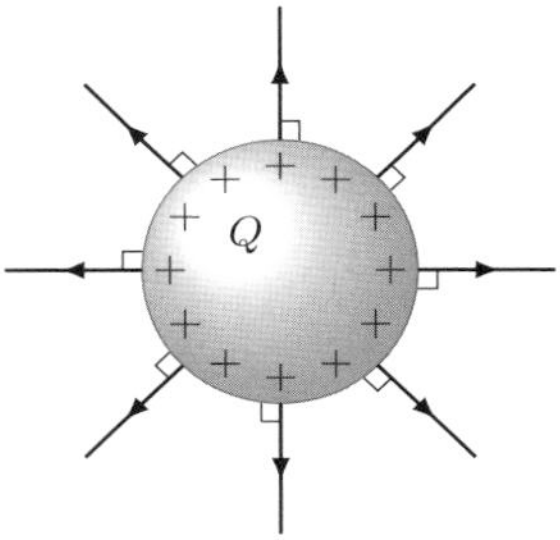

図 3.24 帯電した導体球周辺の電気力線の様子（$Q > 0$ の場合）

とした位置 $\boldsymbol{r}$ の電場はベクトルの形で表して

$$\boldsymbol{E}(\boldsymbol{r}) = \frac{Q}{4\pi\varepsilon_0}\frac{\boldsymbol{r}}{r^3} \tag{3.52}$$

となる．

3.8 平行平板キャパシターと静電容量

3.8.1 平行平板キャパシター

導体でできている 2 枚の平板を互いに狭い間隔で平行に設置したものを**平行平板キャパシター**（または**平行平板コンデンサー**）という．平行平板キャパシターに電池を接続したときに起こる現象について考えよう．

■電池のはたらき　ここで，電池のはたらきについて確認しておく．われわれ

は **3.5.2 項**において，単位電荷を移動するのに必要な仕事が電位差であることを学習した．すなわち，電位の異なる2点間で電荷を移動するためにはエネルギーを要することになる．化学反応等から得られるエネルギーを用いて，電位の低い**負極**と電位の高い**正極**との間で電荷を運ぶ装置が**電池**である．このとき，**図 3.25** に示すように，正電荷は電池の負極から正極に，負電荷は正極から負極の向きに運ばれる．なお，電池の**電圧**（**起電力**）とは，負極と正極の間の電位差のことをいう．

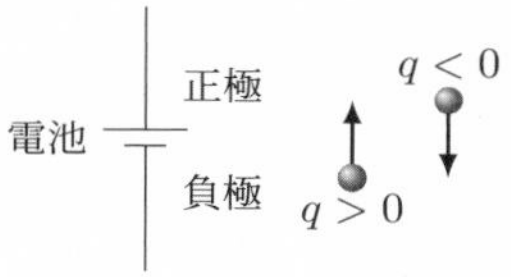

図 3.25　電池と，電荷が運ばれる向き

さて，最初，中性の状態にある平行平板キャパシターの2枚の導体板に**図 3.26** のように電池の正極，負極をそれぞれ接続すると，電池のはたらきにより正電荷は電池の正極側の導体板に，負電荷は負極側の導体板に移動し，導体板間に電位差が生じる．電荷の移動は導体板間の電位差が電池の電圧と等しくなったところで止まる．このとき，電池の正極側の導体板に蓄積した電荷を Q (> 0) とすると，負極側の導体板には符号を逆にした $-Q$ の電荷が蓄えられることになる．そして，それぞれの極板に蓄積した電荷は，互いに逆符号の電荷間にはたらくクーロン力により引き付けられて極板の表面に（へりに近い部分を除いて）一様に分布し，電池を取り外しても極板上にその状態で残る．このようにして電荷を蓄えるはたらきをもつ装置を一般に**キャパシター**（または**コンデンサー**）といい，キャパシターを構成するそれぞれの導体板を**極板**とよぶ．また，キャパシターに電荷を蓄えることを**充電**という．なお，特に断りがない場合，キャパシターに蓄えられた電荷というときは正極側に蓄えられた電荷を指す．

3.8.2　平行平板キャパシターが作る電場

極板の面積 S は十分に広く，へりの影響は無視できるものとして，**図 3.27** のように電荷 Q (> 0) が蓄えられた平行平板キャパシターが作る電場を求めよう．

電荷は上下の極板上にそれぞれ一様に分布するので，それぞれの極板が作る

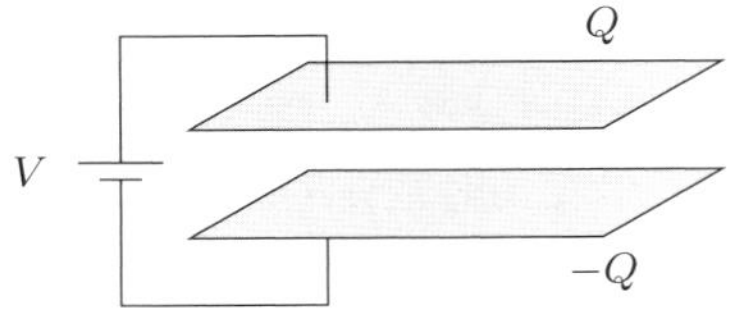

図 3.26　電圧 V の電池に接続された平行平板キャパシター

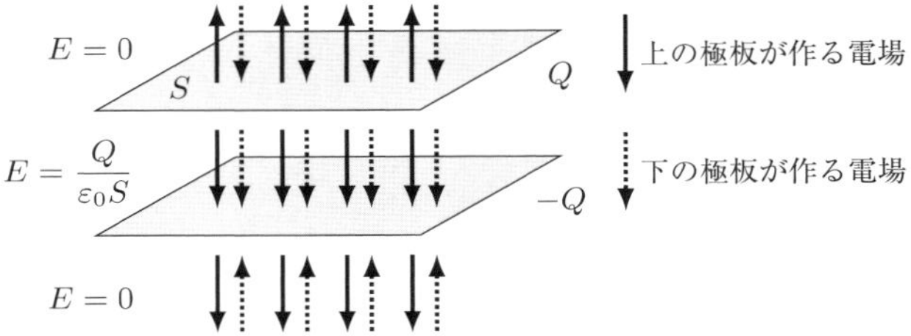

図 3.27　平行平板キャパシターが作る電場

電場は平板上に一様に分布した電荷が作る電場 (3.25) で表すことができる．電荷密度は $\sigma = Q/S$ で与えられるので，上の極板が作る電場は極板から遠ざかる向きを正として

$$\frac{Q}{2\varepsilon_0 S} \tag{3.53}$$

となり，下の極板は電荷の符号が反対なので等しい大きさの逆向きの電場を作る．したがってキャパシターの外部では大きさの等しい逆向きの電場が重なることから両者は打ち消し合い電場は $E = 0$ となり，キャパシターの内部では両者は同じ向きになるのでそれらが足し合わされ，正極から負極に向かう大きさ

$$E = \frac{Q}{\varepsilon_0 S} \tag{3.54}$$

の電場が作られることになる．

3.8.3　平行平板キャパシターの静電容量

キャパシターに蓄えられた電荷量 $Q(> 0)$ と極板間の電位差 V の間には，

$$Q = CV \tag{3.55}$$

で表される比例関係があることが知られている．この比例係数 C のことを**静電容量**，または**電気容量**，もしくは**キャパシタンス**という．静電容量の単位は [F]（ファラッド）が用いられるが，式 (3.55) より [F] は [C/V] に等しいことがわかる．極板間の距離を d として，平行平板キャパシターの静電容量を求めよう．

極板間の電位差 V は式 (3.45) より極板間で電場を積分することによって求めることができるが，導体でできている上下の極板はそれぞれ等電位なので，計算に都合がいいように**図3.28** に示すような極板上の対向する 2 点を積分経路の始点 A と終点 B に選んでよい．極板間の電場は式 (3.54) で与えられ，積分経路上で線要素 $\boldsymbol{\Delta r}$ と電場は逆向きになることから，式 (3.45) より電位差 V は

$$V = -\int_{\mathrm{A}}^{\mathrm{B}} \boldsymbol{E} \cdot \mathrm{d}\boldsymbol{r} = Ed = \frac{Qd}{\varepsilon_0 S} \tag{3.56}$$

となる．式 (3.55) と比較して静電容量

$$C = \frac{\varepsilon_0 S}{d} \tag{3.57}$$

を得る．

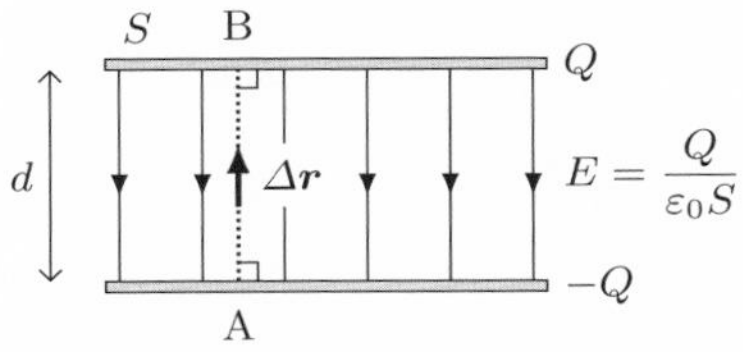

図 3.28　対向する 2 点 A，B を積分の始点と終点に選ぶ

3.8.4　平行平板キャパシターがもつエネルギー

キャパシターを充電するときに用いられたエネルギーは，熱などとして失われる分を除いてキャパシターに保存される．ここでは，電荷 Q が蓄えられている静電容量 C の平行平板キャパシターがもつエネルギーを 2 通りの考え方に基づいて求める．

極板を引き離すのに要する仕事

まず，**図3.29** のように，平行平板キャパシターの 2 枚の極板がはじめ，ほとんど距離 0 の状態にあったとして，それを距離 d まで引き離すのに要する仕

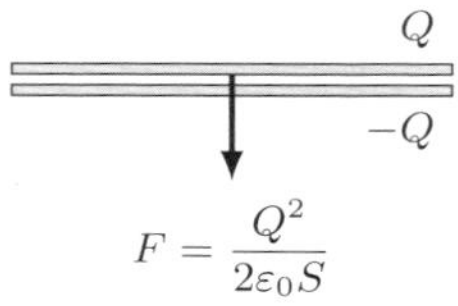

図 3.29 上の極板が下の極板が作る電場から受ける力

事がエネルギーとして蓄えられると考える．上の極板のすべての位置には，下の極板に蓄えられた電荷 $-Q$ によって下向きに大きさ $Q/2\varepsilon_0 S$ (3.53) の電場が作られる．上の極板上には合計 Q の電荷が存在するので，上の極板には下向きにクーロン力

$$F = \frac{Q}{2\varepsilon_0 S}Q = \frac{Q^2}{2\varepsilon_0 S}$$

が加わることになる．なお，極板間の電場 (3.54) は 2 枚の極板によって作られる電場が足し合わされたものである．今の場合は，それぞれの極板がもう一方の極板の位置に作る電場を考える必要があることに注意しよう．

この力に逆らって上の極板を距離 d まで引き離すために必要な仕事

$$W = Fd = \frac{Q^2}{2\varepsilon_0 S}d$$

がエネルギーとして保存されることになる．式 (3.57) により静電容量 C を用いて，次の表式を得る．

平行平板キャパシターがもつエネルギー

$$U = \frac{Q^2}{2C} \tag{3.58}$$

電荷を少しずつ移動するのに要する仕事

次に，キャパシターに電荷が蓄えられていない状態から電荷 Q が蓄えられた状態になるまで，**図 3.30** のように下の極板から上の極板へ電荷を少しずつ運ぶのに要する仕事がキャパシターに保存されると考えて計算してみよう．

この操作の途中の電荷 q が蓄えられている状態の平行平板キャパシターの極板間の電位差は式 (3.55) より

$$V = \frac{q}{C}$$

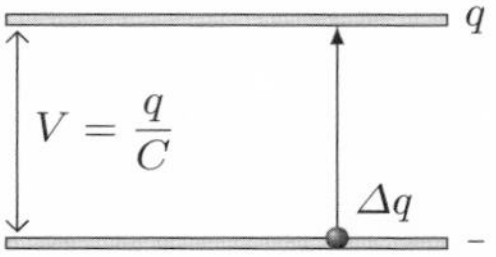

図 3.30　微小な電荷 Δq を，電荷 q が蓄えられた状態の極板の間で移動する

である．単位電荷を運ぶのに要する仕事が電位差であるから（**3.5.2 項**参照），下の極板から上の極板へ微小な電荷 Δq を移動すのに要する仕事は

$$\Delta W = V\Delta q = \frac{q}{C}\Delta q$$

により与えられる．この仕事 ΔW を電荷 q に対して 0 から Q まで積分すれば仕事の総量が得られる．すなわち

$$U = \int_0^Q dW = \frac{1}{C}\int_0^Q q\,\mathrm{d}q = \frac{Q^2}{2C}$$

となり，式 (3.58) と同じ結果が得られた．

3.9　電場のエネルギー密度

平行平板キャパシターがもつエネルギー (3.58) は，キャパシターが全体としてもっているエネルギーの総和を表したものであるが，少し異なった視点から見てみることにしよう．

今，**図 3.31** のように，図 3.28 のキャパシターを極板間のちょうど中間に挿入した仮想的な極板によって上下に 2 つに分割したとする．このとき，仮想的に挿入した極板の上面に電荷 $-Q$ が，下面に電荷 Q が現れると考えると，キャパシター全体の様子は元のキャパシターと変わらない．分割された上下のそれぞれのキャパシターは，極板面積は元のままで極板間距離が 1/2 になるので，その静電容量を C' とおくと式 (3.57) より

$$C' = \frac{\varepsilon_0 S}{d/2} = 2\frac{\varepsilon_0 S}{d} = 2C$$

となる．よってそれぞれのキャパシターがもつエネルギーを U' とおくと式 (3.58) より

$$U' = \frac{Q^2}{2\cdot 2C} = \frac{1}{2}\frac{Q^2}{2C} = \frac{1}{2}U$$

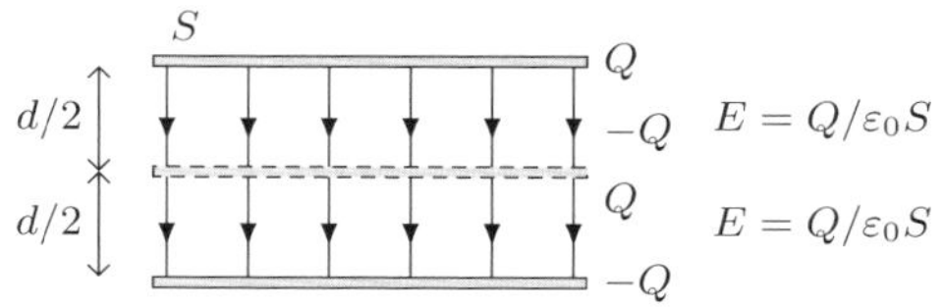

図 3.31 仮想的な極板で上下に分割したキャパシター

を得る．すなわち，キャパシター全体のエネルギーは，分割したそれぞれのキャパシターがもつエネルギーの和に等しい．

次に，**図3.32** のようにキャパシターの上下の極板をそれぞれ半分の所で切断して，左右に2分割したとしよう．分割したそれぞれのキャパシターの極板面積は分割前の1/2になるが，極板に蓄えられる電荷量もそれぞれ1/2となるために，式 (3.54) からこの場合も極板間の電場は分割前と変わらない．一方，それぞれのキャパシターの静電容量 C' は式 (3.57) より

$$C' = \frac{\varepsilon_0 S/2}{d} = \frac{1}{2}\frac{\varepsilon_0 S}{d} = \frac{1}{2}C$$

となるので，それぞれのキャパシターがもつエネルギーを U' とおくと式 (3.58) より

$$U' = \frac{(Q/2)^2}{2 \cdot C/2} = \frac{1}{2}\frac{Q^2}{2C} = \frac{1}{2}U$$

を得る．したがって，この場合も分割したキャパシターがもつエネルギーの和が全体のエネルギーとなっていることがわかる．

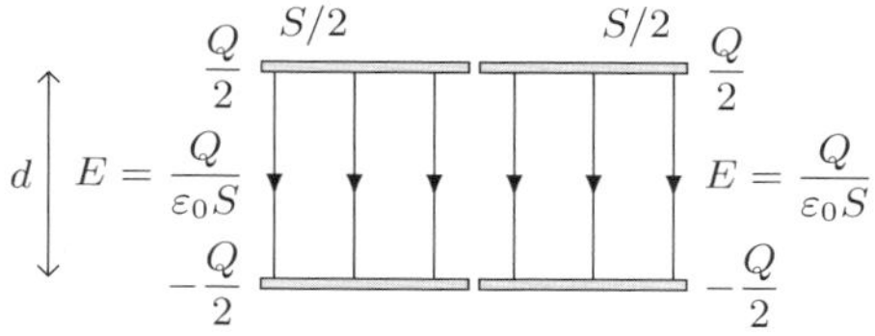

図 3.32 極板を切断して左右に分割したキャパシター

以上の操作を繰り返し実行して，キャパシター全体を**図3.33** のように無数の微小なキャパシターに分割したとしても，電荷の分布や内部の電場の様子は変化しないので，元のキャパシターはこのような微小なキャパシターの集まりと

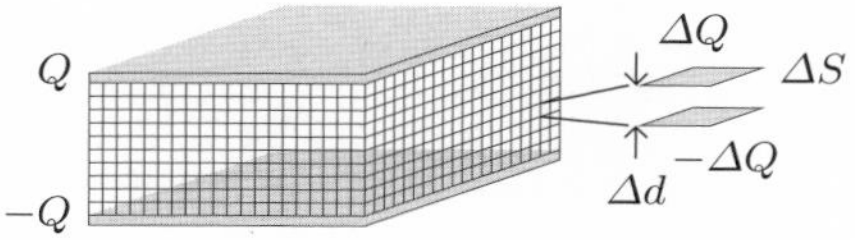

図 3.33　無数の微小なキャパシターに分割したキャパシター

等価であると見なせる．しかし，分割は仮想的に行われるものなので，それぞれの微小なキャパシターがもつエネルギーはその位置の電場がもつエネルギーであると解釈してよいであろう．

ここで，微小なキャパシターの極板面積と蓄えられた電荷量をそれぞれ $\varDelta S$, $\varDelta Q$ とおくと，式 (3.54) より $\varDelta Q$ は極板間の電場 E を用いて

$$\varDelta Q = \varepsilon_0 E \varDelta S$$

と表すことができる．またこの微小なキャパシターの極板間距離を $\varDelta d$ とおくとその静電容量 C' は式 (3.57) から

$$C' = \frac{\varepsilon_0 \varDelta S}{\varDelta d}$$

と表される．したがって，それぞれの微小なキャパシターがもつエネルギー $\varDelta U$ は，式 (3.58) から

$$\varDelta U = \frac{\varDelta Q^2}{2C'} = \frac{(\varepsilon_0 E \varDelta S)^2}{2\varepsilon_0 \varDelta S/\varDelta d} = \frac{\varepsilon_0 E^2 \varDelta S \varDelta d}{2}$$

と計算できる．エネルギー $\varDelta U$ を微小なキャパシターの体積 $\varDelta S \varDelta d$ で割ることにより，電場の単位体積あたりのエネルギー，すなわち電場のエネルギー密度に対する次の表式を得る．

電場のエネルギー密度

$$u_e = \frac{\varepsilon_0 E^2}{2} \tag{3.59}$$

なお，同じエネルギー密度の値は平行平板キャパシターがもつエネルギー (3.58) を平行平板キャパシターの体積 Sd で割り算し，式 (3.54) および式 (3.57) によって電荷量 Q と静電容量 C を消去すれば

$$\frac{U}{Sd} = \frac{Q^2}{2C}\frac{1}{Sd} = \frac{(E\varepsilon_0 S)^2}{2}\frac{d}{\varepsilon_0 S}\frac{1}{Sd} = \frac{\varepsilon_0 E^2}{2}$$

のように得られるが，この値はキャパシター内の平均のエネルギー密度を表していることに注意しよう．本節での議論は，それが局所的にも成り立っていることを示している．

章末問題

3-1 章末問題 1-3 で求めた正負の電荷がお互いに 1 m の距離に置かれた場合に，その間に生じるクーロン力を求めよ．

3-2 式 (3.15) とガウスの定理 (3.14) からマクスウェル方程式 (3.6) を導け．

3-3 点電荷を体積の非常に小さい領域内に電荷が分布したものと考えて，式 (3.28) から点電荷が作る電場の表式 (3.20) を導け．

3-4 電荷が半径 a の円周上に線密度 λ で一様に分布している．この電荷が円の中心軸上の円の中心 O から距離 r の位置に作る電場を求めよ．

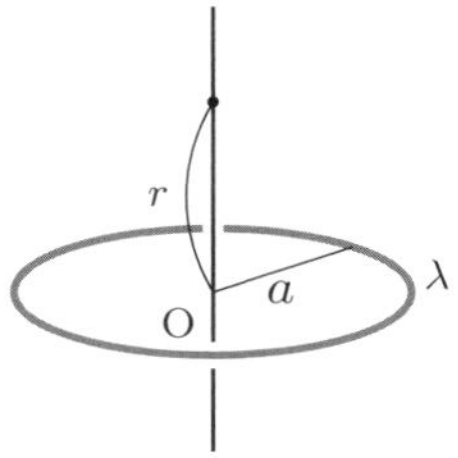

3-5 半径 a の導体球と，内側の半径 b の同じ中心をもつ導体の球殻からなる**同心球キャパシター**の静電容量を求めよ．

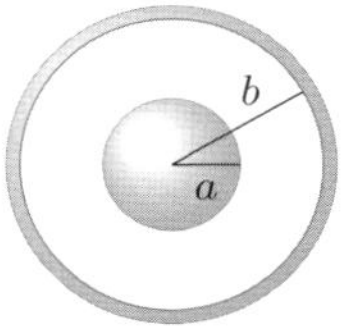

第4章 物質のあるところの静電場

物質は大きく導体と誘電体，そしてその中間の性質をもつ半導体に分類することができる．導体においては，3.7 節で学習したように，その電気的性質は自由電荷が担っている．一方，誘電体の電気的性質は電気双極子の振る舞いによって誘起される．本章では，電場が誘電体の電気的性質によってどのような影響を受けるかについて学ぶ．なお，半導体については範囲を越えるので本書では扱わない．

4.1 電気双極子

図4.1 のように，絶対値の等しい正負の電荷が短い距離を隔てて配置されたものを**電気双極子**という．電気双極子において正電荷の値を q，負電荷の値を $-q$，負電荷の位置から正電荷の位置に至るベクトルを $\boldsymbol{\Delta d}$ とするとき，ベクトル

$$\boldsymbol{p} = q\boldsymbol{\Delta d} \tag{4.1}$$

を**電気双極子モーメント**とよび，電気双極子モーメント $\boldsymbol{p}$ をもつ電気双極子を「電気双極子 $\boldsymbol{p}$」で表す．電気双極子モーメントの単位は [C·m] である．

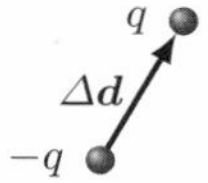

図 4.1 電気双極子

4.1.1 電気双極子が作る電位

電気双極子の合計の電荷の量は 0 であるが，正負の電荷の位置がわずかにずれているためその周りに電場が作られる．**図4.2** のように，電気双極子の $-q$

の電荷の位置を原点として，最初に位置 $\boldsymbol{r}$ における電位を求めて，そこから電場を計算しよう．なお，ベクトル $\boldsymbol{\Delta d}$ の大きさは $r = |\boldsymbol{r}|$ に比べて小さいとして，電気双極子そのものが原点にあるものと考えてよい．

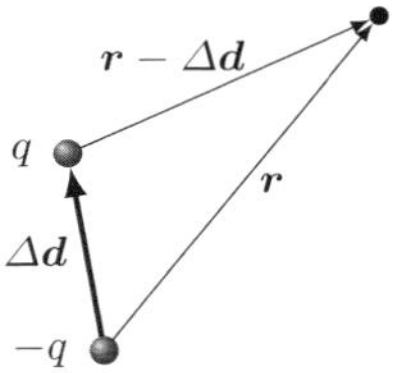

図 4.2　電荷 $-q$ を原点とした位置関係

このとき，式 (3.31) より，位置 $\boldsymbol{r}$ における電位はそれぞれの電荷による電位の和として

$$\phi(\boldsymbol{r}) = \frac{q}{4\pi\varepsilon_0}\left(\frac{1}{|\boldsymbol{r} - \boldsymbol{\Delta d}|} - \frac{1}{r}\right) \tag{4.2}$$

により与えられる．ベクトル $\boldsymbol{\Delta d}$ の大きさが r に対して小さいという条件

$$\Delta d \ll r$$

の下で式 (4.2) 右辺の $1/|\boldsymbol{r} - \boldsymbol{\Delta d}|$ を展開して Δd の 2 乗以上の項を無視すると

$$\begin{aligned}\frac{1}{|\boldsymbol{r} - \boldsymbol{\Delta d}|} &= \{(\boldsymbol{r} - \boldsymbol{\Delta d}) \cdot (\boldsymbol{r} - \boldsymbol{\Delta d})\}^{-1/2} \\ &\simeq \left(r^2 - 2\boldsymbol{r} \cdot \boldsymbol{\Delta d}\right)^{-1/2} \\ &= \frac{1}{r}\left(1 + \frac{\boldsymbol{r} \cdot \boldsymbol{\Delta d}}{r^2}\right)\end{aligned}$$

と計算できるので，式 (4.2) に代入し，電気双極子モーメント $\boldsymbol{p} = q\boldsymbol{\Delta d}$ を用いると，次のようにまとめることができる．

原点にある電気双極子が作る電位

$$\phi(\boldsymbol{r}) = \frac{1}{4\pi\varepsilon_0}\frac{\boldsymbol{p} \cdot \boldsymbol{r}}{r^3} \tag{4.3}$$

4.1.2　電気双極子が作る電場

電場は電位 $\phi(\boldsymbol{r})$ の負の勾配 $-\boldsymbol{\nabla}\phi(\boldsymbol{r})$ により与えられるので，原点にある電気双極子が位置 $\boldsymbol{r}$ に作る電場は式 (4.3) より

$$\boldsymbol{E}(\boldsymbol{r}) = -\frac{1}{4\pi\varepsilon_0}\boldsymbol{\nabla}\frac{\boldsymbol{p}\cdot\boldsymbol{r}}{r^3}$$

となる．ここでナブラ $\boldsymbol{\nabla}$ は1階の微分演算子なので積の微分の規則

$$\boldsymbol{\nabla}\frac{\boldsymbol{p}\cdot\boldsymbol{r}}{r^3} = \frac{1}{r^3}\boldsymbol{\nabla}(\boldsymbol{p}\cdot\boldsymbol{r}) + \boldsymbol{p}\cdot\boldsymbol{r}\boldsymbol{\nabla}\frac{1}{r^3}$$

を適用することができる．右辺の微分はそれぞれ

$$\boldsymbol{\nabla}(\boldsymbol{p}\cdot\boldsymbol{r}) = \boldsymbol{p} \tag{4.4}$$

および式 (2.31) より

$$\boldsymbol{\nabla}\frac{1}{r^3} = -\frac{3}{r^5}\boldsymbol{r}$$

と計算できるので以下の結果を得る．

原点にある電気双極子が作る電場

$$\boldsymbol{E}(\boldsymbol{r}) = \frac{1}{4\pi\varepsilon_0}\left(\frac{3\boldsymbol{p}\cdot\boldsymbol{r}}{r^5}\boldsymbol{r} - \frac{\boldsymbol{p}}{r^3}\right) \tag{4.5}$$

図4.3 に電気双極子 $\boldsymbol{p}$ が作る電場 (4.5) の電気力線の様子を示す．

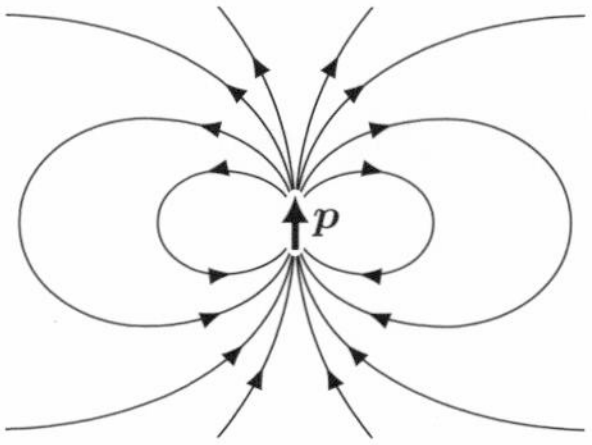

図 4.3　電気双極子 $\boldsymbol{p}$ が作る電場の電気力線

◆ **練習問題** 4.1　式 (4.4) が成り立つことを示せ．

4.1.3　電気双極子がもつポテンシャルエネルギー

電気双極子は，**図 4.4** のように，電場の中に置かれると正負の電荷の位置のわずかな違いによりポテンシャルエネルギーをもつ．ここで電荷 $-q$ の位置を $\boldsymbol{r}$ とすれば，電荷 $-q$，q の位置の電位はそれぞれ $\phi(\boldsymbol{r})$，$\phi(\boldsymbol{r}+\Delta\boldsymbol{d})$ となるので，電気双極子のポテンシャルエネルギー U はそれぞれの電荷のポテンシャルエネルギー (3.41) の和として

$$U = q\phi(\boldsymbol{r}+\Delta\boldsymbol{d}) - q\phi(\boldsymbol{r}) = q\{\phi(\boldsymbol{r}+\Delta\boldsymbol{d}) - \phi(\boldsymbol{r})\}$$

と表される．式 (2.41) より

$$\phi(\boldsymbol{r}+\Delta\boldsymbol{d}) - \phi(\boldsymbol{r}) = \Delta\boldsymbol{d}\cdot\boldsymbol{\nabla}\phi(\boldsymbol{r})$$

と表し，電場 $\boldsymbol{E} = -\boldsymbol{\nabla}\phi$ と電気双極子モーメント $\boldsymbol{p} = q\Delta\boldsymbol{d}$ を用いて次の表式を得る．

電気双極子がもつポテンシャルエネルギー

$$U = -\boldsymbol{p}\cdot\boldsymbol{E} \tag{4.6}$$

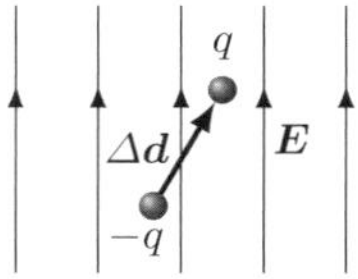

図 4.4　電場の中に置かれた電気双極子

4.1.4　電気双極子が電場から受ける力

力学の法則から，ポテンシャルエネルギー U をもつ物体には，U の負の勾配 $-\boldsymbol{\nabla}U$ によって与えられる力がはたらくことが導かれる．電位 ϕ の位置に置かれた点電荷 q は $U = q\phi$ (3.41) のポテンシャルエネルギーをもち，電場 $\boldsymbol{E}$ から

$$\boldsymbol{F} = q\boldsymbol{E} = -q\boldsymbol{\nabla}\phi = -\boldsymbol{\nabla}U$$

のローレンツ力 (1.16) を受けるというのが 1 つの例である．電気双極子はポテンシャルエネルギー (4.6) をもつので，したがって電場から次のような力を受けることがわかる．

電気双極子が電場から受ける力

$$\boldsymbol{F} = \boldsymbol{\nabla}(\boldsymbol{p} \cdot \boldsymbol{E}) \tag{4.7}$$

この表式は次のようにしても導くことができる．**図 4.5** のように，電荷 $-q$，q の位置の電場をそれぞれ $\boldsymbol{E}$，$\boldsymbol{E}'$ とおくと，この電気双極子にはそれぞれの電荷が電場から受ける力の和

$$\boldsymbol{F} = q\boldsymbol{E}' - q\boldsymbol{E} = q(\boldsymbol{E}' - \boldsymbol{E}) \tag{4.8}$$

の力が加わる．一方，式 (2.42) より

$$\boldsymbol{E}' = (1 + \Delta\boldsymbol{d} \cdot \boldsymbol{\nabla})\boldsymbol{E} \tag{4.9}$$

と表せるので，式 (4.8) に代入してさらに電気双極子モーメント $\boldsymbol{p} = q\Delta\boldsymbol{d}$ を用いて

$$\boldsymbol{F} = (\boldsymbol{p} \cdot \boldsymbol{\nabla})\boldsymbol{E} \tag{4.10}$$

を得る．ここで 2 つのベクトル $\boldsymbol{\alpha}$，$\boldsymbol{\beta}$ に対し，ナブラ $\boldsymbol{\nabla}$ がベクトル $\boldsymbol{\beta}$ のみに作用する場合に成り立つベクトル解析の公式

$$\boldsymbol{\alpha} \times (\boldsymbol{\nabla} \times \boldsymbol{\beta}) = \boldsymbol{\nabla}(\boldsymbol{\alpha} \cdot \boldsymbol{\beta}) - (\boldsymbol{\alpha} \cdot \boldsymbol{\nabla})\boldsymbol{\beta} \tag{4.11}$$

に $\boldsymbol{\alpha} \to \boldsymbol{p}$，$\boldsymbol{\beta} \to \boldsymbol{E}$ を代入し，静電場に対しては $\boldsymbol{\nabla} \times \boldsymbol{E} = 0$ (3.7) であることを用いると

$$(\boldsymbol{p} \cdot \boldsymbol{\nabla})\boldsymbol{E} = \boldsymbol{\nabla}(\boldsymbol{p} \cdot \boldsymbol{E})$$

となるので，式 (4.10) より式 (4.7) が導かれる．

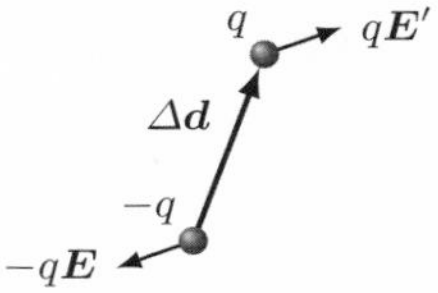

図 4.5　電気双極子が電場から受ける力

◆ **練習問題** 4.2　ナブラ $\boldsymbol{\nabla}$ はベクトル $\boldsymbol{\beta}$ のみに作用することに注意して，ベクトル解析の公式 (4.11) を証明せよ．

4.1.5 電気双極子が電場から受ける力のモーメント

電気双極子には電場から重心を移動させるような力 (4.7) のほかに，その場で回転させるような力のモーメント (2.13) を受ける．**図4.6** のように，電荷 $-q$, q の位置をそれぞれ $\boldsymbol{r}$, $\boldsymbol{r}'$ として電気双極子が受ける力のモーメントを求めよう．

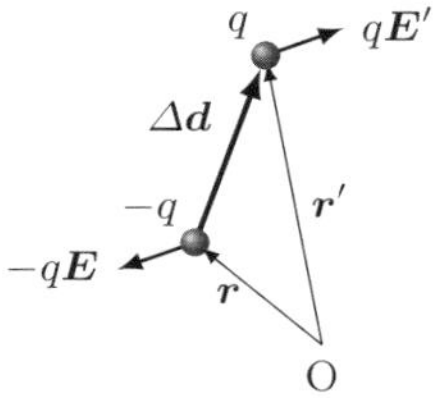

図 4.6 電気双極子が電場から受ける力のモーメント

電荷 q, $-q$ には電場からそれぞれ $q\boldsymbol{E}$, $-q\boldsymbol{E}'$ の力が加わるので，力のモーメント (2.13) は

$$\boldsymbol{N} = \boldsymbol{r} \times (-q\boldsymbol{E}) + \boldsymbol{r}' \times (q\boldsymbol{E}')$$

となる．電荷 q の位置の電場 $\boldsymbol{E}'$, 位置 $\boldsymbol{r}'$ をそれぞれ式 (4.9), $\boldsymbol{r}' = \boldsymbol{r} + \Delta\boldsymbol{d}$ で置き換えて，$\Delta\boldsymbol{d}$ の大きさは小さいとしてその 2 乗の項を無視すると，電気双極子モーメントを $\boldsymbol{p} = q\Delta\boldsymbol{d}$ で表して

$$\begin{aligned}\boldsymbol{N} &= -q\boldsymbol{r} \times \boldsymbol{E} + q(\boldsymbol{r} + \Delta\boldsymbol{d}) \times (1 + \Delta\boldsymbol{d} \cdot \boldsymbol{\nabla})\boldsymbol{E} \\ &= \boldsymbol{p} \times \boldsymbol{E} + \boldsymbol{r} \times (\boldsymbol{p} \cdot \boldsymbol{\nabla})\boldsymbol{E} \end{aligned} \tag{4.12}$$

を得る．電気双極子は電場から式 (4.10) で表される力を受けるので，式 (4.12) 右辺の第 2 項は電気双極全体を原点の周りに回転させる力のモーメントであることがわかる．よってその部分を除いて次の結果を得る．

電気双極子が電場から受ける力のモーメント

$$\boldsymbol{N} = \boldsymbol{p} \times \boldsymbol{E} \tag{4.13}$$

力のモーメント (4.13) は，ベクトル $\boldsymbol{N}$ を軸として**図4.7** のように，電気双極子 $\boldsymbol{p}$ を電場 $\boldsymbol{E}$ に揃えようとする**偶力**としてはたらく．このことは，電気双極子のポテンシャルエネルギー (4.6) が，電気双極子モーメント $\boldsymbol{p}$ と電場 $\boldsymbol{E}$ の向きが揃ったときに最小となり，最も安定した状態になることからも理解できるだろう．

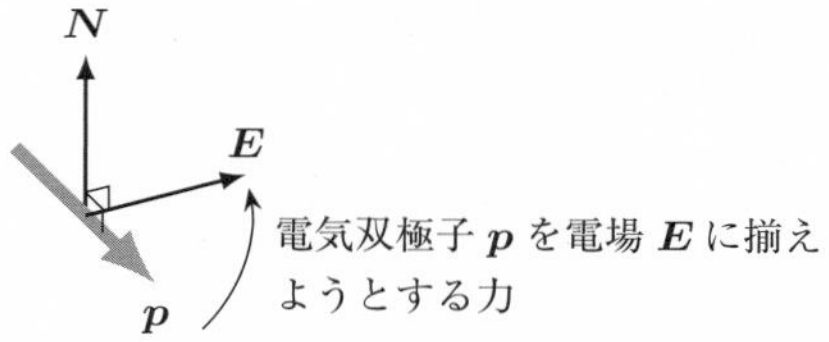

図 4.7　電気双極子が電場から受ける力のモーメント

4.2　誘電体

その内部に自由電荷をもたず，そのため電気を通さない物質を**誘電体**（または**絶縁体**）という．誘電体の電気的性質は誘電体内に分布する電気双極子の振る舞いによって誘起される．

4.2.1　誘電分極

水分子などのように分子内の正電荷と負電荷の重心がずれている**極性分子**の場合，分子は電気双極子として誘電体内に分布している．電場が存在しないときはそれぞれの電気双極子はランダムな方向を向いているため誘電体全体として電気的な性質を示さないが，**図 4.8** に示すように，外から電場をかけると力のモーメント (4.13) の作用により電気双極子の向きが電場にそって揃えられる．この現象を**誘電分極**という．

一方，酸素分子のように，正電荷と負電荷の重心が一致している**非極性分子**においても，外から電場をかけると電位の低い方に正電荷が，電位の高い方に負電荷が引き付けられることで，極性分子の場合と同様に誘電分極が起こる．

誘電体に誘電分極が起こると，**図 4.9** に示すように正電荷と負電荷の重心位置がずれることにより誘電体の表面に電荷が現れる．この電荷を**分極電荷**とよぶ．分極電荷に対し，自由電荷のことを**真電荷**とよび，両者は区別して扱う必要がある．

4.2.2　分極ベクトル

誘電体中の単位体積に含まれる電気双極子モーメントを加算して得られるベ

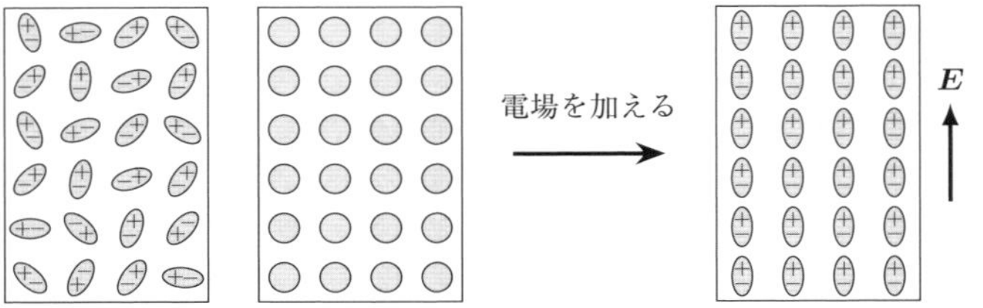

図 4.8 誘電体と誘電分極

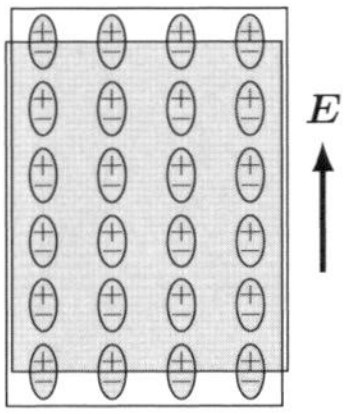

図 4.9 誘電分極と分極電荷

クトルを**分極ベクトル**とよぶ．誘電分極を起こしている誘電体の中では，ほとんどの電気双極子の向きは電場の向きに揃っていると考えてよいので，電気双極子モーメントを $\boldsymbol{p} = q\boldsymbol{\Delta d}$，誘電体中の単位体積に含まれる電気双極子の数を N $[1/\mathrm{m}^3]$ とおけば，分極ベクトル $\boldsymbol{P}$ は

$$\boldsymbol{P} = N\boldsymbol{p} = Nq\boldsymbol{\Delta d} \tag{4.14}$$

と表すことができる．電気双極子モーメント $\boldsymbol{p}$ の単位が [C·m] なので，分極ベクトル $\boldsymbol{P}$ の単位は $[\mathrm{C/m^2}]$ である．

誘電体中の電気双極子は電場によって向きが揃えられるので，分極ベクトル $\boldsymbol{P}$ は電場 $\boldsymbol{E}$ に大きく依存している．実際，多くの場合，両者は比例関係を満たすことが知られており，それを

$$\boldsymbol{P} = \chi\varepsilon_0\boldsymbol{E} \tag{4.15}$$

と表す．右辺に含まれる係数 χ は**電気感受率**とよばれる物質固有の定数で，真空中では 0，誘電体中では正の値をもつ．

4.2.3　分極電荷の表面電荷密度

分極ベクトル $\boldsymbol{P}$ が誘電体の表面[*1]に垂直になっていると仮定して，誘電体の表面に現れる分極電荷の面密度 σ_{P} を求めよう．このとき，誘電体の表面を**図 4.10** のような電気双極子モーメント $\boldsymbol{p} = q\boldsymbol{\Delta d}$ をもつ電気双極子が，ちょうど 1 個納まるような大きさの小さな直方体に分割する．直方体の高さは Δd なので，上面の面積を ΔS とおけば直方体の体積は $\Delta V = \Delta S \Delta d$ と書ける．このとき，単位体積あたりに含まれる電気双極子の数 N は

$$N = \frac{1}{\Delta V} = \frac{1}{\Delta S \Delta d}$$

と表すことができるので，分極ベクトルは式 (4.14) より

$$\boldsymbol{P} = \frac{q}{\Delta S}\frac{\boldsymbol{\Delta d}}{\Delta d} \tag{4.16}$$

となる．誘電体の面積 ΔS の表面に電荷 q が現れているので，$q/\Delta S$ が分極電荷の面密度 σ_{P} に等しいこと，そして $\boldsymbol{\Delta d}/\Delta d$ は大きさ 1 の単位ベクトルであることから式 (4.16) より

$$\sigma_{\mathrm{P}} = P \tag{4.17}$$

が導かれる．

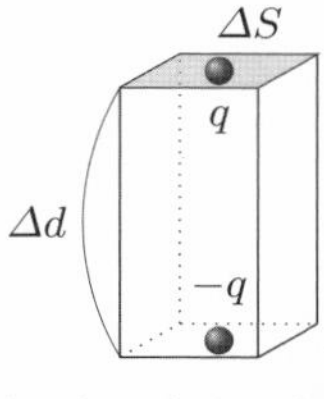

図 4.10　電気双極子がちょうど 1 個納まる小さな直方体

分極ベクトル $\boldsymbol{P}$ が誘電体表面に垂直でない一般の場合は，直方体の代わりに**図 4.11** のような平行 6 面体を考えればよい．誘電体表面の外向き法線ベクトル $\boldsymbol{n}$ と分極ベクトル $\boldsymbol{P}$ がなす角を θ とおくと，この平行 6 面体の体積は $\Delta V = \Delta S \Delta d \cos\theta$ と表されるので，式 (4.16) の分母の $\Delta S \Delta d$ を $\Delta S \Delta d \cos\theta$ で置き換えて次の表式を得る．

[*1] 誘電体内部に設定した仮想的な領域の表面も含む．

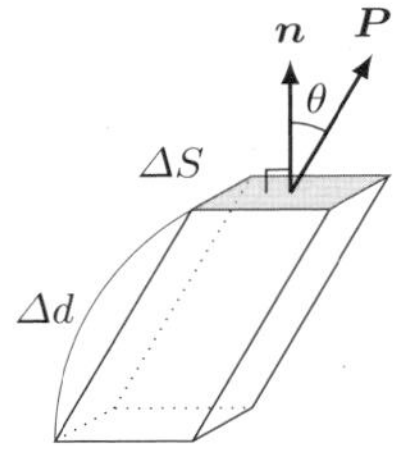

図 4.11 分極ベクトル $\boldsymbol{P}$ が誘電体表面に垂直でない場合

分極電荷の表面電荷密度

$$\sigma_{\rm P} = P\cos\theta = \boldsymbol{P}\cdot\boldsymbol{n} \tag{4.18}$$

なお，式 (4.18) は分極ベクトル $\boldsymbol{P}$ が誘電体表面に垂直な場合も特別な場合として含んでいる．

4.2.4 分極電荷の体積密度

次に，誘電体内部の分極電荷の体積密度 $\rho_{\rm P}$ がどのように表されるかを見るために，**図4.12** のように誘電体の内部に設定した仮想的な閉曲面 S で囲まれた領域 V を考え，誘電分極によって領域 V 内の電荷量がどのように変化するかを調べよう．

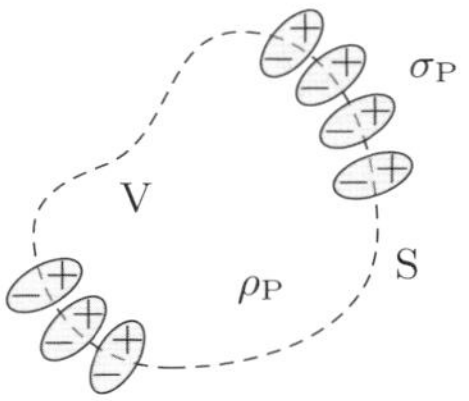

図 4.12 誘電体内部に設定した仮想的な閉曲面 S で囲まれた領域 V

誘電分極によって領域 V から出ていった電荷は閉曲面 S の表面に現れる．その単位面積あたりの量は，上で求めた分極電荷の面密度 $\sigma_{\rm P}$ (4.18) で与えられるので，領域 V から出ていく電荷の総量 $Q_{\rm P}$ は，面密度 $\sigma_{\rm P}$ の閉曲面 S 上での積分

$$Q_\mathrm{P} = \int_\mathrm{S} \sigma_\mathrm{P}\,\mathrm{d}S = \int_\mathrm{S} \boldsymbol{P}\cdot\boldsymbol{n}\,\mathrm{d}S$$

により与えられる．右辺にガウスの定理 (3.14) を適用して，面積積分を体積積分で置き換えると

$$Q_\mathrm{P} = \int_\mathrm{V} \boldsymbol{\nabla}\cdot\boldsymbol{P}\,\mathrm{d}V \tag{4.19}$$

となる．一方，誘電分極によって領域 V 内に生じる電荷の合計量は，分極電荷の体積密度 ρ_P を領域 V 内で積分することによって与えられるが，その値は領域 V から出ていった電荷量 Q_P の分だけ減少することになるので，誘電体がはじめ中性の状態にあったとすれば

$$\int_\mathrm{V} \rho_\mathrm{P}\,\mathrm{d}V = -Q_\mathrm{P} \tag{4.20}$$

が成り立つ．式 (4.19) および (4.20) より

$$\int_\mathrm{V} (\rho_\mathrm{P} + \boldsymbol{\nabla}\cdot\boldsymbol{P})\,\mathrm{d}V = 0$$

が導かれるが，領域 V は任意に選べるので左辺の括弧の中は 0 でなければならず，これより分極電荷の体積密度に関する次の表式を得る．

分極電荷の体積密度

$$\rho_\mathrm{P} = -\boldsymbol{\nabla}\cdot\boldsymbol{P} \tag{4.21}$$

4.3 電束密度

分極電荷の体積密度 ρ_P が 0 でない値をもつ場合，その周囲に分極電荷を源とした電場が作られる．したがって，静電場に関するマクスウェル方程式 (3.6) に現れる電荷密度 ρ には一般には分極電荷の電荷密度 ρ_P が含まれる．ここで，真電荷の電荷密度を ρ_t とおけば分極電荷を含んだ全電荷密度は $\rho = \rho_\mathrm{t} + \rho_\mathrm{P}$ と表されるので，式 (3.6) は

$$\boldsymbol{\nabla}\cdot\boldsymbol{E} = \frac{\rho_\mathrm{t} + \rho_\mathrm{P}}{\varepsilon_0}$$

と書ける．式 (4.21) を代入すると

$$\boldsymbol{\nabla}\cdot\boldsymbol{E} = \frac{\rho_\mathrm{t} - \boldsymbol{\nabla}\cdot\boldsymbol{P}}{\varepsilon_0}$$

表 4.1 物質の比誘電率

物質	比誘電率 ε_{r}
空気（20°C 1 気圧）	1.000536
水（20°C）	80.36
パラフィン油	2.2
天然ゴム	2.4
ソーダガラス	7.5

（「理科年表 2019 年版」から抜粋）

となり，これより

$$\nabla \cdot (\varepsilon_0 \boldsymbol{E} + \boldsymbol{P}) = \rho_{\mathrm{t}} \tag{4.22}$$

を得る．

ここで新たなベクトル場として**電束密度**

$$\boldsymbol{D} = \varepsilon_0 \boldsymbol{E} + \boldsymbol{P} \tag{4.23}$$

を導入すると，式 (4.22) より

$$\nabla \cdot \boldsymbol{D} = \rho_{\mathrm{t}} \tag{4.24}$$

という，マクスウェル方程式の 1 番目の式 (1.12) が得られる．ここで式 (4.24) の右辺に現れる電荷密度 ρ_{t} は，分極電荷の電荷密度 ρ_{P} を含まない，真電荷のみによる電荷密度であることに注意しよう．

式 (4.23) に式 (4.15) を代入すれば，電束密度 $\boldsymbol{D}$ と電場 $\boldsymbol{E}$ との関係

$$\boldsymbol{D} = (1+\chi)\varepsilon_0 \boldsymbol{E} = \varepsilon_{\mathrm{r}}\varepsilon_0 \boldsymbol{E} = \varepsilon \boldsymbol{E} \tag{4.25}$$

が得られる．ここで，$\varepsilon_{\mathrm{r}} = 1 + \chi$ を**比誘電率**，$\varepsilon = \varepsilon_{\mathrm{r}}\varepsilon_0$ を**誘電率**とよぶ．真空中では電気感受率 $\chi = 0$ より，比誘電率 $\varepsilon_{\mathrm{r}} = 1$ となり，真空中では電束密度と電場との間に $\boldsymbol{D} = \varepsilon_0 \boldsymbol{E}$ (3.5) の関係が成り立つ．**表 4.1** はいくつかの物質について比誘電率の値をまとめたものであるが，空気の比誘電率は 1 に非常に近く，真空と同じ扱いをしてもよいことがわかる．

4.3.1 電束密度に対するガウスの法則

図 4.13 に示すような閉曲面 S で囲まれた領域 V 考える．真電荷密度 ρ_{t} で記述したマクスウェル方程式 (4.24) に対しガウスの定理 (3.14) を適用すると，次の電束密度に対するガウスの法則が導かれる．

電束密度に対するガウスの法則

$$\int_{\mathrm{S}} \boldsymbol{D} \cdot \boldsymbol{n}\, \mathrm{d}S = Q_{\mathrm{t}} \tag{4.26}$$

ここで

$$Q_{\mathrm{t}} = \int_{\mathrm{V}} \rho_{\mathrm{t}}\, \mathrm{d}V$$

は領域 V 内の分極電荷を含まない真電荷の電荷量であることに注意しよう．

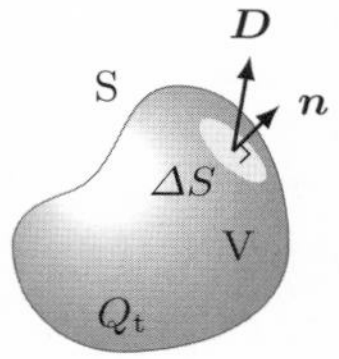

図 4.13　閉曲面 S で囲まれた領域 V

電束密度に関するガウスの法則 (4.26) は，電場に関するガウスの法則 (3.16) において電場 $\boldsymbol{E}$ を電束密度 $\boldsymbol{D}$ に，電荷 Q/ε_0 を真電荷 Q_{t} に置き換えたものになっている．したがって，電場に関するガウスの法則 (3.16) から導かれた様々な結果は，上の置き換えによってそのまま成立する．例えば，式 (3.19) から原点にある真電荷 q_{t} が位置 $\boldsymbol{r}$ に作る電束密度

$$\boldsymbol{D}(\boldsymbol{r}) = \frac{1}{4\pi} \frac{q_{\mathrm{t}}}{r^3} \boldsymbol{r} \tag{4.27}$$

が導かれ，式 (3.25) からは広い平板上に面密度 σ_{t} で一様に分布した真電荷が作る電束密度

$$D = \frac{\sigma_{\mathrm{t}}}{2} \tag{4.28}$$

の表式を得る．

■電束線 電場に対して電気力線を定義したときと同じ方法 (**3.6 節**) によって電束密度に対して**電束線**を定義することができる．すなわち，曲線上の各点の接線の方向をその位置の電束密度の方向に合わせ，電束密度の向きを曲線上の矢印で，またその大きさを描く曲線の密度によって表す．このとき一般に積分

$$\int_{\mathrm{S}} \boldsymbol{D} \cdot \boldsymbol{n} \, \mathrm{d}S \tag{4.29}$$

の値は曲面 S を法線ベクトル $\boldsymbol{n}$ の向きに貫く電束線の数を表すことになり，分極電荷の有無によらず，閉曲面で囲まれた領域内に真電荷がない場合はその領域で電束線は発生も消滅もしないという結果が導かれる (**図 4.14**)．しかし，電気力線の場合は，分極電荷があるときにはその符号によって発生したり消滅したりするという点に違いがあることに注意しよう．

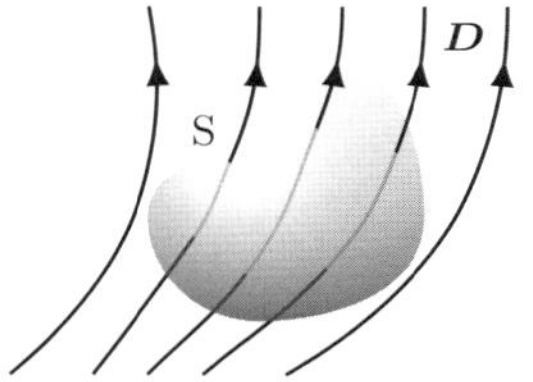

図 4.14 真電荷が存在しない領域では電束線は発生も消滅もしない

4.3.2 誘電体が充填された平行平板キャパシター

図 4.15 のような極板間に誘電率 ε の誘電体が充填された，極板面積 S，極板間距離 d の平行平板キャパシターの静電容量を求めてみよう．

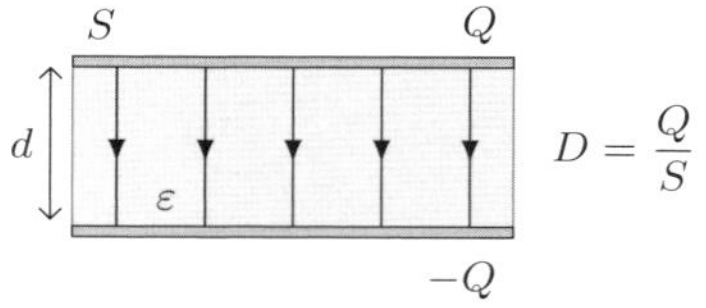

図 4.15 誘電体が充填された平行平板キャパシター

上で述べたように電場に対するガウスの法則 (3.16) を基に導かれた結果は $\boldsymbol{E} \to \boldsymbol{D}$，$Q/\varepsilon_0 \to Q_{\mathrm{t}}$ の置き換えによって電束密度に適用することができるの

で，キャパシターに蓄えられた電荷[*2]を Q とおくと，極板間には式 (3.54) より正極側から負極側に向けて大きさ

$$D = \frac{Q}{S} \tag{4.30}$$

の電束密度が作られる．このとき極板間の電場の大きさは式 (4.25) より

$$E = \frac{D}{\varepsilon} = \frac{Q}{\varepsilon S} \tag{4.31}$$

となるので，極板間の電位差を V とおけば

$$V = Ed = \frac{Qd}{\varepsilon S}$$

と計算できる．よってこのキャパシターの静電容量を C' とおくと，式 (3.55) より

$$C' = \frac{Q}{V} = \frac{\varepsilon S}{d} = \varepsilon_{\mathrm{r}} \frac{\varepsilon_0 S}{d} = \varepsilon_{\mathrm{r}} C \tag{4.32}$$

を得る．ここで $C = \varepsilon_0 S/d$ は極板間が真空のときの静電容量 (3.57) である．すなわち，誘電体の充填により静電容量が比誘電率 ε_{r} の分だけ増大するということがわかる．

4.4　誘電体の接触面における境界条件

異なる誘電率 ε_1，ε_2 をもった 2 種類の誘電体が接している場合を考える．それぞれの誘電体内の電場を $\boldsymbol{E}_1$，$\boldsymbol{E}_2$，電束密度を $\boldsymbol{D}_1$，$\boldsymbol{D}_2$ として，2 つの誘電体の境界における電場と電束密度が満たすべき境界条件について調べる．

4.4.1　電場に対する境界条件

図 4.16 のように，誘電体の境界面をまたいで隣り合う 2 辺の長さが Δw，Δh の微小な長方形 ABCD を，辺 AB，CD が境界面に対して平行になるように設定する．この長方形 ABCD にそった電場 $\boldsymbol{E}$ の循環

$$\Gamma = \oint_{\mathrm{ABCD}} \boldsymbol{E} \cdot \mathrm{d}\boldsymbol{l} \tag{4.33}$$

[*2] 電池の接続によってキャパシターに蓄えられる電荷は真電荷のみである．

にストークスの定理 (3.44) を適用し，$\nabla \times \boldsymbol{E} = 0$ (3.2) であることを用いると

$$\Gamma = \int_{\mathrm{S}} \nabla \times \boldsymbol{E} \cdot \boldsymbol{n} \, \mathrm{d}S = 0 \tag{4.34}$$

が導かれる．ここでSは長方形ABCDを縁とする曲面，$\boldsymbol{n}\Delta S$ は曲面S上の面積要素である．

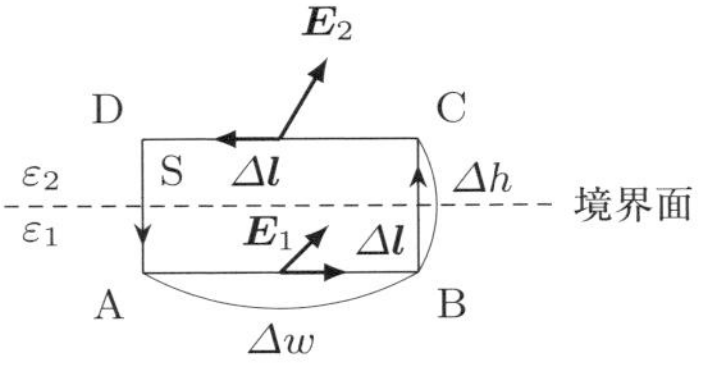

図 4.16　誘電体の境界面をまたぐ長方形

一方，長方形の高さ $\Delta h \to 0$ の極限をとると，循環 (4.33) に対する辺BCおよび辺DAの寄与はなくなる．また長方形の幅 Δw は十分小さいとして辺ABおよびCD上で電場はそれぞれ一定であると仮定すると，右向きを正にとった電場 $\boldsymbol{E}_1$，$\boldsymbol{E}_2$ の境界面に対する接線成分をそれぞれ $E_{1\mathrm{t}}$，$E_{2\mathrm{t}}$ として

$$\Gamma = E_{1\mathrm{t}}\Delta w - E_{2\mathrm{t}}\Delta w = (E_{1\mathrm{t}} - E_{2\mathrm{t}})\Delta w$$

を得る．式 (4.34) より $\Gamma = 0$ だったので

$$E_{1\mathrm{t}} = E_{2\mathrm{t}} \tag{4.35}$$

が導かれる．すなわち，**図 4.17** に示すように，誘電体の境界面において電場の接線成分は連続することがわかる．

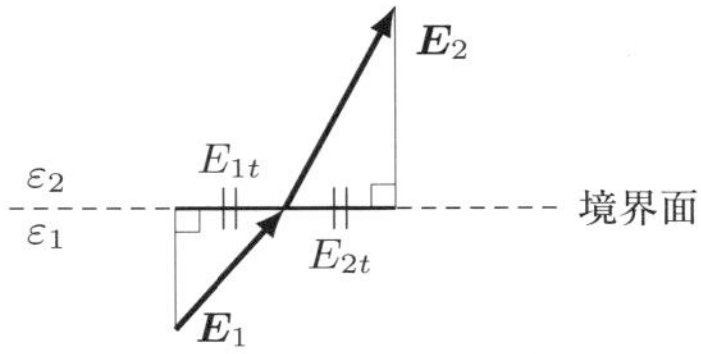

図 4.17　誘電体の境界面で電場の接線成分は連続する

4.4.2　電束密度に対する境界条件

図 4.18 のように，底面積 ΔS，高さ Δh の微小な円柱を，誘電体の境界面をはさんで底面が境界面に平行になるように設定する．この円柱に対して電束密度に対するガウスの法則 (4.26) を適用しよう．

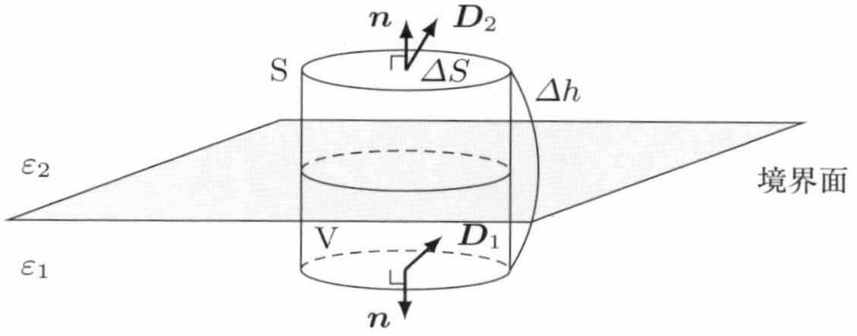

図 4.18　誘電体の境界面をはさむように設定した円柱

まず，円柱内には真電荷は存在しないので真電荷の合計は $Q_\mathrm{t} = 0$ である．ここで高さ $\Delta h \to 0$ の極限をとると，表面積分に対する円柱の側面の寄与はなくなり，また底面積 ΔS は十分小さいとして上面，および下面において電束密度はそれぞれ一定であると仮定すると，上向きを正にとった電束密度 $\boldsymbol{D}_1$，$\boldsymbol{D}_2$ の境界面に対する法線成分をそれぞれ $D_{1\mathrm{n}}$，$D_{2\mathrm{n}}$ として

$$\int_\mathrm{S} \boldsymbol{D} \cdot \boldsymbol{n} \, \mathrm{d}S = D_{2\mathrm{n}} \Delta S - D_{1\mathrm{n}} \Delta S = (D_{2\mathrm{n}} - D_{1\mathrm{n}}) \Delta S$$

を得るが，この値が 0 となるので

$$D_{2\mathrm{n}} = D_{1\mathrm{n}} \tag{4.36}$$

が導かれる．すなわち，**図 4.19** に示すように，誘電体の境界面において電束密度の法線成分は連続するということがわかる．

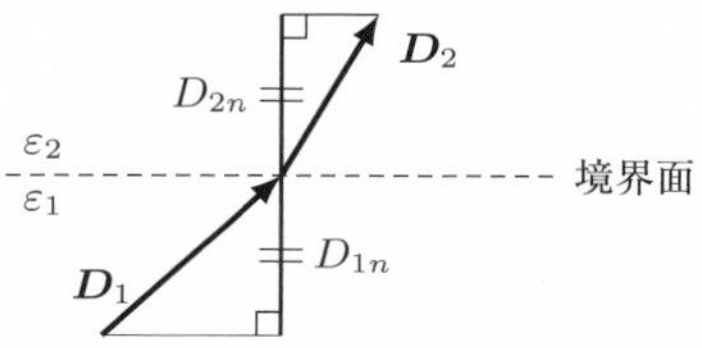

図 4.19　誘電体の境界面で電束密度の法線成分は連続する

章末問題

4-1 電気双極子が作る電場 (4.5) をそれぞれの電荷が作る電場の重ね合わせを用いて導け.

4-2 極板面積 S, 極板間距離 d の平行平板キャパシターの極板間に, 極板と平行に厚さ d' の誘電体の板を挿入した. 誘電体の誘電率を ε としてこのキャパシターの静電容量を求めよ.

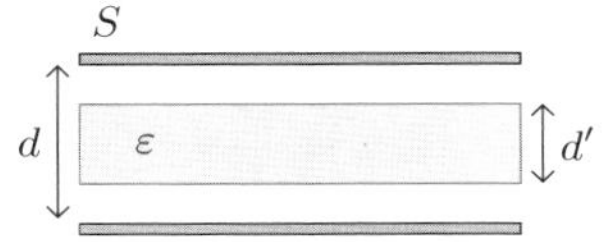

4-3 上と同じ平行平板キャパシターの極板間を, 誘電率 ε_1, ε_2 をもつ異なる 2 種類の誘電体で満たした. それぞれの誘電体が占める極板面積の比を $k : 1-k$ としたとき, このキャパシターの静電容量を求めよ.

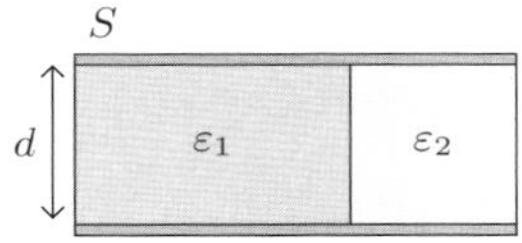

4-4 一様な分極ベクトル $\boldsymbol{P}$ をもつ半径 a の誘電体の球がその内部および外部に作る電場を求めよ.

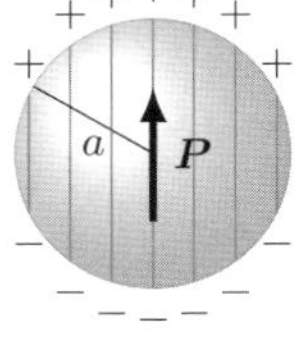

4-5 一様な電場 $\boldsymbol{E}_0$ の中に, 誘電率 ε の誘電体でできた半径 a の球体を置いたとき, 球体内の電束密度 $\boldsymbol{D}$ を求めよ. ただし, 球体は一様に分極されるものと仮定してよい.

第5章 静的な磁場

本章では物質が存在しない空間における，時間的に変化しない静的な磁場について学習する．静的な磁場には，第3章で取り上げた静的な電場と様々な点において類似している部分が存在する．そういった点についても注意しながら学習を進めてほしい．

5.1 静磁場に関するマクスウェル方程式

時間に依存しない静的な磁場のことを**静磁場**という．物質が存在しない場合に電場と電束密度の間に式 (3.5) の関係があったように，磁場 $\boldsymbol{H}$ と磁束密度 $\boldsymbol{B}$ の間には

$$\boldsymbol{B} = \mu_0 \boldsymbol{H} \tag{5.1}$$

の関係がある．ここで μ_0 は**真空の透磁率**とよばれる真空の磁気的性質を表す定数で，その値は $\mu_0 = 4\pi \times 10^{-7}\,\mathrm{N/A^2}$ である．式 (5.1) によって磁気に関する第2のマクスウェル方程式 (3.4) から磁場 $\boldsymbol{H}$ を消去することができ，式 (3.3) と合わせて静磁場に関する次の方程式の組を得る．

静磁場に関するマクスウェル方程式

$$\boldsymbol{\nabla} \cdot \boldsymbol{B} = 0 \tag{5.2}$$

$$\boldsymbol{\nabla} \times \boldsymbol{B} = \mu_0 \boldsymbol{j} \tag{5.3}$$

5.1.1 磁束線

静磁場に関するマクスウェル方程式の第1の式 (5.2) から導かれることを調べるため，電場に対して電気力線を定義したときと同じ方法（**3.6 節**）によって磁束密度に対して**磁束線**を定義する．すなわち，曲線上の各点の接線の方向

をその位置の磁束密度の方向に合わせ，磁束密度の向きを曲線上の矢印で，またその大きさを描く曲線の密度によって表す．このとき，ある曲面S上における磁束密度 $\boldsymbol{B}$ の面積積分

$$\int_{\mathrm{S}} \boldsymbol{B} \cdot \boldsymbol{n} \, \mathrm{d}S$$

は，曲面Sを法線ベクトル $\boldsymbol{n}$ の向きに貫く磁束線の数を表すことになる．ここで曲面Sを閉曲面にとって，それに囲まれた領域Vにガウスの定理 (3.14) を適用すれば

$$\int_{\mathrm{S}} \boldsymbol{B} \cdot \boldsymbol{n} \, \mathrm{d}S = \int_{\mathrm{V}} \boldsymbol{\nabla} \cdot \boldsymbol{B} \, \mathrm{d}V$$

となるが，式 (5.2) より，磁束密度の発散 $\boldsymbol{\nabla} \cdot \boldsymbol{B}$ は常に0なので，領域V内の状態によらず

$$\int_{\mathrm{S}} \boldsymbol{B} \cdot \boldsymbol{n} \, \mathrm{d}S = 0 \tag{5.4}$$

が成り立つ．閉曲面Sは任意に選ぶことができるので，式 (5.4) は磁束線は始点も終点ももたず，**常に**閉曲線であることを示している．

電気力線は正電荷で発生して負電荷で消滅するという性質をもっていたが，磁束線がもつこの性質は電場における電荷に相当するもの，すなわち**磁荷**は存在しないということを述べている．**図5.1** は磁束線の例を示したものであるが，途中で途切れているように描かれている磁束線も，実際は遠方でつながっているということに注意が必要である．

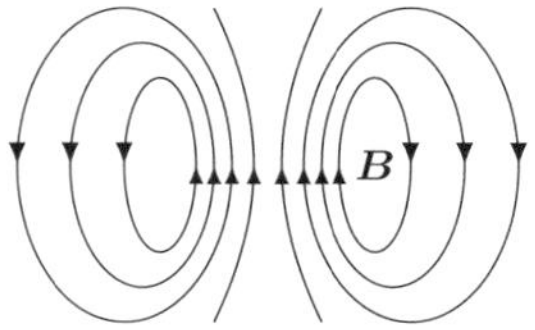

図 5.1 磁束線は始点も終点ももたない

5.1.2 電流密度

静磁場に関するマクスウェル方程式の第2の式 (5.3) の，右辺に現れる**電流密度** $\boldsymbol{j}$ について詳しく見ていこう．

電流とは電荷の流れのことであり，ある場所の電流の値はそこを通過する単位時間あたりの電荷量によって定義される．電流の単位には [A]（アンペ

ア）が用いられるが，電荷の単位は [C]（クーロン）なので，それらの単位間に [A]=[C/s] の関係があることがわかる．そして電流密度はある点における単位面積あたりの電流を表すベクトル量で，その大きさにより電流に垂直な面を通過する単位時間・単位面積あたりの電荷量を表す．したがって電流密度の単位は $[\mathrm{A/m^2}]$ となる．

電流密度は以下のように定式化される．今，**図 5.2** に示すような電荷密度 ρ で分布している電荷が平均速度 $\boldsymbol{v}$ で移動していたとすると，速度 $\boldsymbol{v}$ に垂直な面積 ΔS の小さな面 S を微小時間 Δt の間に通過する電荷の量は，断面積 ΔS，高さ $v\Delta t$ の円柱内の電荷の合計

$$\rho v \Delta t \Delta S \tag{5.5}$$

で与えられる．面 S を通過する単位時間・単位面積あたりの電荷量は式 (5.5) を $\Delta t \Delta S$ で割って ρv で与えられるので，電流の向きが速度 $\boldsymbol{v}$ に平行になることに留意すると，電流密度 $\boldsymbol{j}$ は

$$\boldsymbol{j} = \rho \boldsymbol{v} \tag{5.6}$$

と表されることがわかる．なお，移動する個々の電荷に着目すると位置の時間変化を伴うことになるが，静磁場における「静」は，ベクトル場としての電流密度 $\boldsymbol{j}$ が時間によって変化しないことを意味している．

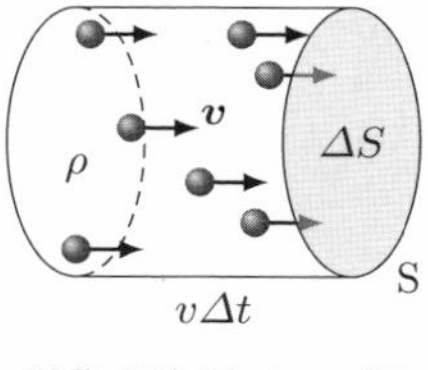

図 5.2　円柱内の電荷が時間 Δt の間に面 S を通過する

5.1.3　電荷と電流の連続方程式

正電荷と負電荷を合わせた電荷の総量は不変であることが物理学の基本原理から導かれる．これを**電荷保存則**という．電荷保存則を定式化しよう．

単位面積あたりの電流が電流密度なので，電流密度に垂直な面を通って流れる電流は，電流密度の大きさとその面の面積との積で与えられる．したがって

一般に，**図 5.3** のように，法線ベクトル $\boldsymbol{n}$ が電流密度 $\boldsymbol{j}$ と角度 θ で交わる面積 ΔS の小さな面を通って流れる電流は，電流密度に垂直な面積 $\Delta S\cos\theta$ の面を通って流れる電流

$$j\Delta S\cos\theta = \boldsymbol{j}\cdot\boldsymbol{n}\Delta S \tag{5.7}$$

に等しい．これより，一般に任意の曲面 S を通して流れる電流は，式 (5.7) の曲面 S 上での積分

$$\int_{\mathrm{S}} \boldsymbol{j}\cdot\boldsymbol{n}\,\mathrm{d}S \tag{5.8}$$

により与えられる．

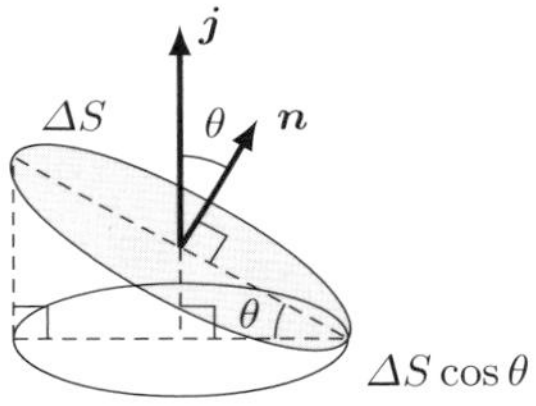

図 5.3　面積 ΔS の微小曲面を $\boldsymbol{j}\cdot\boldsymbol{n}\Delta S$ の電流が流れる

電流は単位時間に通過する電荷量なので，**図 5.4** のような閉曲面 S に対する式 (5.8) の値は閉曲面 S によって囲まれた領域 V から流出する単位時間あたりの電荷量を表す．式 (5.9) にガウスの定理 (3.14) を用いると，領域 V から流出する単位時間あたりの電荷量は

$$\int_{\mathrm{S}} \boldsymbol{j}\cdot\boldsymbol{n}\,\mathrm{d}S = \int_{\mathrm{V}} \boldsymbol{\nabla}\cdot\boldsymbol{j}\,\mathrm{d}V \tag{5.9}$$

と表すことができる．

一方，領域 V 内の電荷の単位時間あたりの変化量は，領域 V 内の電荷の合計の時間微分で与えられるので，領域 V 内の電荷密度を ρ とすると

$$\begin{aligned}\frac{\mathrm{d}}{\mathrm{d}t}\int_{\mathrm{V}}\rho\,\mathrm{d}V &= \lim_{\Delta t\to 0}\frac{1}{\Delta t}\left\{\int_{\mathrm{V}}\rho(t+\Delta t,x,y,z)\,\mathrm{d}V - \int_{\mathrm{V}}\rho(t,x,y,z)\,\mathrm{d}V\right\}\\ &= \int_{\mathrm{V}}\lim_{\Delta t\to 0}\frac{\rho(t+\Delta t,x,y,z)-\rho(t,x,y,z)}{\Delta t}\,\mathrm{d}V\\ &= \int_{\mathrm{V}}\frac{\partial\rho}{\partial t}\,\mathrm{d}V \end{aligned} \tag{5.10}$$

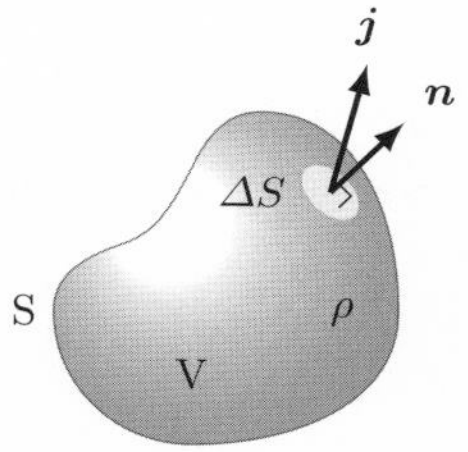

図 5.4　閉曲面Sに囲まれた領域V

となる．

電荷保存則から，閉曲面Sから流出する電荷量と領域V内の電荷の減少量とが等しくなければならないので，式(5.9)および式(5.10)より，

$$\int_{\mathrm{V}} \boldsymbol{\nabla} \cdot \boldsymbol{j}\, \mathrm{d}V = -\int_{\mathrm{V}} \frac{\partial \rho}{\partial t}\, \mathrm{d}V$$

を得る．領域Vは任意に選べることから，両辺の被積分関数が等しくなければならず，次の**電荷と電流の連続方程式**が導かれる．

電荷と電流の連続方程式

$$\boldsymbol{\nabla} \cdot \boldsymbol{j} + \frac{\partial \rho}{\partial t} = 0 \tag{5.11}$$

電荷と電流の連続方程式(5.11)は，電荷保存則を定式化したものにほかならない．なお，特に静的な場を考える場合は，電荷密度ρは時間的に変化しないので

$$\boldsymbol{\nabla} \cdot \boldsymbol{j} = 0 \tag{5.12}$$

が成り立つ．

5.2　導線を流れる電流

5.2.1　電流素片

導線は導体で作られた細長い線であり，**3.7節**で見たようにその中には自由電荷が存在するため電流が流れやすい．導線は通常の状態では正負の電荷を同じ量だけ含むので中性であり，そのため電流が流れている場合でもその周囲に

電場は生じない．導線が十分に細ければ，**図 5.5** のように電流が流れている導線内の電流密度は，導線に平行で導線の断面に垂直と見なせるため，導線を流れる電流 I は，導線内の電流密度を $\boldsymbol{j}$，導線の断面積を S とおけば

$$I = jS \tag{5.13}$$

と表すことができる．また，電荷は保存するので 1 本の導線上では電流の大きさはどの位置も等しいとしてよい．

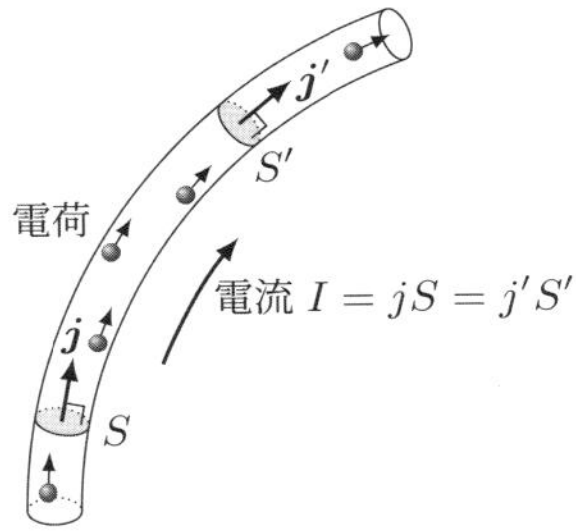

図 5.5　導線を流れる電流

今，**図 5.6** のように，導線にそってとった線要素を $\Delta\boldsymbol{l}$，導線の断面積を S とおくと，この微小部分の体積は $\Delta V = S\Delta l$ と表すことができる．また，線要素 $\Delta\boldsymbol{l}$ と電流密度 $\boldsymbol{j}$ とは平行と考えてよいので

$$\boldsymbol{j}\Delta l = j\Delta\boldsymbol{l}$$

の関係が成り立つ．これより導線を流れる電流を I とおけば式 (5.13) を用いて

$$\boldsymbol{j}\Delta V = \boldsymbol{j}S\Delta l = jS\Delta\boldsymbol{l} = I\Delta\boldsymbol{l} \tag{5.14}$$

を得る．この関係式 (5.14) は電流密度を導線にそった線要素によって置き換える際に用いられる．なお，右辺の電流 I と線要素 $\Delta\boldsymbol{l}$ の積 $I\Delta\boldsymbol{l}$ を**電流素片**とよぶ．

5.2.2　電流が磁場から受ける力

電荷が磁場の中を運動すると電荷にローレンツ力 (1.17) が加わる．電流は電荷の流れであるから，磁場の中を流れている電流は磁場から力を受けることに

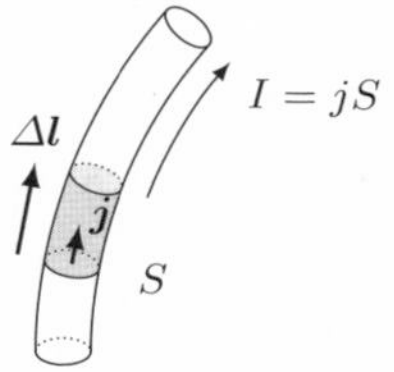

図 5.6　電流素片 $I\Delta\boldsymbol{l}$

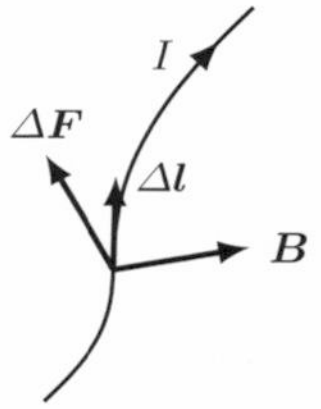

図 5.7　電流素片 $I\Delta\boldsymbol{l}$ が磁場から受ける力

なる．**図5.7** のように電流 I が流れる導線上の電流素片 $I\Delta\boldsymbol{l}$ が磁束密度 $\boldsymbol{B}$ から受ける力 $\Delta\boldsymbol{F}$ を求めよう．

電流素片 $I\Delta\boldsymbol{l}$ に含まれる電荷を q，導線内の電荷の平均移動速度を $\boldsymbol{v}$ とすると，この電流素片が磁束密度 $\boldsymbol{B}$ から受けるローレンツ力は式 (1.17) より

$$\Delta\boldsymbol{F} = q\boldsymbol{v} \times \boldsymbol{B} \tag{5.15}$$

である．ここで，導線内の電荷密度を ρ，電流素片の体積を ΔV とおくと $q = \rho\Delta V$ と書けるので，式 (5.6) および式 (5.14) の関係式を用いると

$$q\boldsymbol{v} = \rho\Delta V\boldsymbol{v} = \boldsymbol{j}\Delta V = I\Delta\boldsymbol{l}$$

が導かれる．式 (5.15) に代入して次の表式を得る．

電流素片 $I\Delta\boldsymbol{l}$ が磁束密度 $\boldsymbol{B}$ の磁場から受ける力

$$\Delta\boldsymbol{F} = I\Delta\boldsymbol{l} \times \boldsymbol{B} \tag{5.16}$$

式 (5.16) から電流素片が磁場から受ける力は**図5.8** に示すように，電流素片と磁束密度の両方に垂直であることがわかる．また，電流の全体または一部が

受ける力は式 (5.16) を電流の対象部分についての積分

$$\boldsymbol{F} = I \int \mathrm{d}\boldsymbol{l} \times \boldsymbol{B} \tag{5.17}$$

により求めることができる．

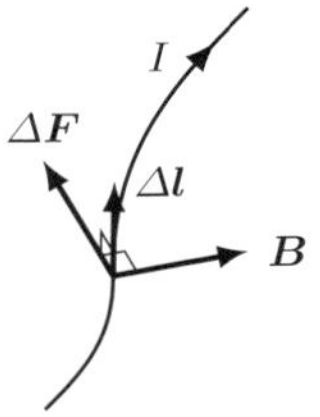

図 5.8 電流素片 $I\Delta\boldsymbol{l}$ が磁場から受ける力 $\Delta\boldsymbol{F}$ は $\Delta\boldsymbol{l}$ と磁束密度 $\boldsymbol{B}$ の両方に直交する

5.3 アンペールの法則

それでは静磁場に関するマクスウェル方程式の第 2 の式 (5.3) の考察に移ろう．**図 5.9** に示すような閉曲線 C にそった磁束密度 $\boldsymbol{B}$ の循環 (2.35) に対しストークスの定理 (3.44) を適用すると

$$\oint_{\mathrm{C}} \boldsymbol{B} \cdot \mathrm{d}\boldsymbol{l} = \int_{\mathrm{S}} \boldsymbol{\nabla} \times \boldsymbol{B} \cdot \boldsymbol{n}\, \mathrm{d}S$$

を得る．ここで S は閉曲線 C を縁とする任意の曲面である．この式の右辺に式 (5.3) を代入すると

$$\oint_{\mathrm{C}} \boldsymbol{B} \cdot \mathrm{d}\boldsymbol{l} = \mu_0 \int_{\mathrm{S}} \boldsymbol{j} \cdot \boldsymbol{n}\, \mathrm{d}S$$

が導かれるが，右辺の積分は式 (5.8) と同じものであることから，曲面 S を通して流れる電流を表していることがわかる．ここで電流の向きは，閉曲線 C の向きに右ねじを回したときのねじの進む方向が正の向きである．この電流を

$$I_{\mathrm{C}} = \int_{\mathrm{S}} \boldsymbol{j} \cdot \boldsymbol{n}\, \mathrm{d}S \tag{5.18}$$

とおいて，次の**アンペールの法則**を得る．

アンペールの法則

$$\oint_{\mathrm{C}} \boldsymbol{B} \cdot \mathrm{d}\boldsymbol{l} = \mu_0 I_{\mathrm{C}} \tag{5.19}$$

※ I_{C} は閉曲線 C を縁とする曲面を C の向きに右ねじを回したときのねじの進む方向に流れる電流

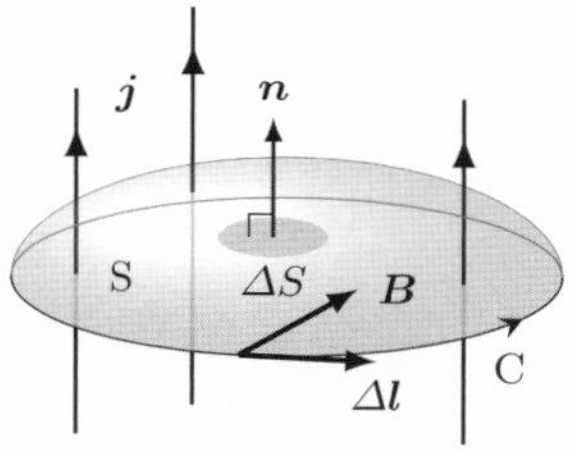

図 5.9　閉曲線 C を縁とする曲面 S と，それを貫く電流密度 $\boldsymbol{j}$

アンペールの法則は電場に対するガウスの法則 (3.16) に対応するものであり，ガウスの法則が電荷がその周りに電場を作ることを述べているのに対し，アンペールの法則は**電流が磁場の源になっている**ことを示している．

例 5.1 無限に長い直線電流が作る磁束密度

アンペールの法則の応用例として，無限に長い直線電流 I が作る磁場の磁束密度を求めよう．

電流は直線上を流れているので，磁束密度の様子は直線から見て，どの方向も等しいはずである．さらに，**5.1.1 項**で示したように，磁束線は常に閉曲線でなければならない．これらの条件を満たすのは，磁束線が直線電流を中心とする同心円となっている場合である．下図のように，その中の半径 R の円を考える．円 C 上で磁束密度 $\boldsymbol{B}$ の向きは常に円の周に平行で，大きさはどの位置も等しいので，磁束密度 $\boldsymbol{B}$ の C 上での循環は

$$\oint_{\mathrm{C}} \boldsymbol{B} \cdot \mathrm{d}\boldsymbol{l} = 2\pi RB$$

と計算できる．円 C を縁とする面を貫いて流れる電流は I であるから，アンペールの法則 (5.19) より $2\pi RB = \mu_0 I$ が導かれ，

$$B = \frac{\mu_0 I}{2\pi R} \tag{5.20}$$

を得る．

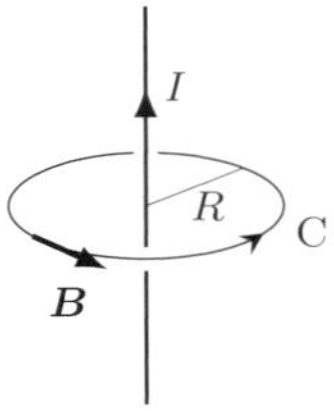

5.4 ベクトルポテンシャル

われわれは **3.5 節**において，静電場 $\boldsymbol{E}$ が $\boldsymbol{\nabla} \times \boldsymbol{E} = 0$ (3.2) を満たすことから，$\boldsymbol{E} = -\boldsymbol{\nabla}\phi$ と表せるスカラー場 ϕ を導入し，このスカラー場 ϕ を電位（スカラーポテンシャル）とよんだ．静磁場においても，これと類似した事情が存在する．すなわち，任意のベクトル場 $\boldsymbol{A} = (A_x, A_y, A_z)$ に対し，

$$
\begin{aligned}
\boldsymbol{\nabla} \cdot (\boldsymbol{\nabla} \times \boldsymbol{A}) &= \frac{\partial}{\partial x}\left(\frac{\partial A_z}{\partial y} - \frac{\partial A_y}{\partial z}\right) + \frac{\partial}{\partial y}\left(\frac{\partial A_x}{\partial z} - \frac{\partial A_z}{\partial x}\right) + \frac{\partial}{\partial z}\left(\frac{\partial A_y}{\partial x} - \frac{\partial A_x}{\partial y}\right) \\
&= \left(\frac{\partial^2 A_x}{\partial y \partial z} - \frac{\partial^2 A_x}{\partial z \partial y}\right) + \left(\frac{\partial^2 A_y}{\partial z \partial x} - \frac{\partial^2 A_y}{\partial x \partial z}\right) + \left(\frac{\partial^2 A_z}{\partial x \partial y} - \frac{\partial^2 A_z}{\partial y \partial x}\right) \\
&= 0
\end{aligned}
$$

が成り立つので，

$$\boldsymbol{B} = \boldsymbol{\nabla} \times \boldsymbol{A} \tag{5.21}$$

と表せるベクトル場 $\boldsymbol{A}$ が存在すれば，ベクトル場 $\boldsymbol{B}$ は常に静磁場に関するマクスウェル方程式の第 1 の式 (5.2) を満たすことがわかる．このベクトル場 $\boldsymbol{A}$ を**ベクトルポテンシャル**という．

5.4.1 クーロンゲージ

スカラーポテンシャル ϕ に任意の定数を加えても元の ϕ と同じ電場が得られたように，ベクトルポテンシャル $\boldsymbol{A}$ に対して任意の定数ベクトルを加えても，元の $\boldsymbol{A}$ と同じ磁束密度が得られることは式 (5.21) からすぐにわかる．しかし，ベクトルポテンシャル $\boldsymbol{A}$ にはさらなる自由度が存在する．すなわち，任意のスカラー場 φ に対し

$$\boldsymbol{\nabla} \times (\boldsymbol{\nabla}\varphi) = \left(\frac{\partial^2\varphi}{\partial y\partial z} - \frac{\partial^2\varphi}{\partial z\partial y}, \frac{\partial^2\varphi}{\partial z\partial x} - \frac{\partial^2\varphi}{\partial x\partial z}, \frac{\partial^2\varphi}{\partial x\partial y} - \frac{\partial^2\varphi}{\partial y\partial x}\right) = 0$$

が成り立つので，ベクトルポテンシャル $\boldsymbol{A}$ とそれに $\boldsymbol{\nabla}\varphi$ を加えた $\boldsymbol{A}' = \boldsymbol{A}+\boldsymbol{\nabla}\varphi$ は同じ磁束密度 $\boldsymbol{B}$ を与える．この変換

$$\boldsymbol{A} \to \boldsymbol{A}' = \boldsymbol{A} + \boldsymbol{\nabla}\varphi \tag{5.22}$$

を**ゲージ変換**という．ベクトルポテンシャル $\boldsymbol{A}$ の具体的な表式を求める場合には，$\boldsymbol{A}$ に対して条件を課すことで，この任意性を取り除いておく必要がある．この条件のことを**ゲージ条件**という

ゲージ条件にはいくつかの種類があり，状況に応じて適切なものが選ばれる．静磁場を扱う場合は**クーロンゲージ**とよばれる条件

$$\boldsymbol{\nabla} \cdot \boldsymbol{A} = 0 \tag{5.23}$$

を選ぶのが便利なので，本章を通じてこの条件を課すことにする．

5.4.2　電流密度が作るベクトルポテンシャル

式 (5.21) によって表されるベクトル場 $\boldsymbol{B}$ が，常に式 (5.2) の解であることはわかったが，ベクトルポテンシャル $\boldsymbol{A}$ は何でもよいわけではない．ベクトル場 $\boldsymbol{B}$ は，マクスウェル方程式のもう 1 つの式 (5.3) も満たす必要があるので，式 (5.21) を式 (5.3) に代入することにより，ベクトルポテンシャル $\boldsymbol{A}$ が従う方程式が得られる．ベクトル解析の公式

$$\boldsymbol{\nabla} \times (\boldsymbol{\nabla} \times \boldsymbol{\alpha}) = \boldsymbol{\nabla}(\boldsymbol{\nabla} \cdot \boldsymbol{\alpha}) - \nabla^2\boldsymbol{\alpha} \tag{5.24}$$

と，クーロンゲージ (5.23) を用いると，

$$\boldsymbol{\nabla} \times \boldsymbol{B} = \boldsymbol{\nabla} \times (\boldsymbol{\nabla} \times \boldsymbol{A}) = -\nabla^2\boldsymbol{A}$$

が導かれ，式 (5.3) より次の方程式を得る．

ベクトルポテンシャル $\boldsymbol{A}$ が従う方程式

$$\nabla^2\boldsymbol{A} = -\mu_0\boldsymbol{j} \tag{5.25}$$

◆ **練習問題** 5.1　ベクトル解析の公式 (5.24) を証明せよ．

式 (5.25) を $\boldsymbol{A}=(A_x, A_y, A_z)$，$\boldsymbol{j}=(j_x, j_y, j_z)$ としてそれぞれ成分に分けて記述すると

$$\nabla^2 A_x = -\mu_0 j_x,\ \nabla^2 A_y = -\mu_0 j_y,\ \nabla^2 A_z = -\mu_0 j_z \tag{5.26}$$

という 3 つの方程式に分かれるが，それぞれの方程式はポアソン方程式 (3.34) と同じ形をしていることがわかるであろう．われわれは，ポアソン方程式の解が式 (3.33) によって与えられることを知っている．それを今の問題に当てはめて適切な量に置き換えれば，式 (5.26) の解は

$$A_x(\boldsymbol{r}) = \frac{\mu_0}{4\pi}\int_{\mathrm{V}} \frac{j_x(\boldsymbol{r}')}{|\boldsymbol{r}-\boldsymbol{r}'|}\,\mathrm{d}V',$$
$$A_y(\boldsymbol{r}) = \frac{\mu_0}{4\pi}\int_{\mathrm{V}} \frac{j_y(\boldsymbol{r}')}{|\boldsymbol{r}-\boldsymbol{r}'|}\,\mathrm{d}V',$$
$$A_z(\boldsymbol{r}) = \frac{\mu_0}{4\pi}\int_{\mathrm{V}} \frac{j_z(\boldsymbol{r}')}{|\boldsymbol{r}-\boldsymbol{r}'|}\,\mathrm{d}V'$$

により与えられる．ここで，ダッシュ（プライム）付きの記号 $\boldsymbol{r}'$ および $\Delta V'$ は**図 5.10** に示すように，電流密度 $\boldsymbol{j}$ の位置における変数であることを示す．再びベクトルに書き直して次の表式を得る．

電流密度 $\boldsymbol{j}$ が作るベクトルポテンシャル

$$\boldsymbol{A}(\boldsymbol{r}) = \frac{\mu_0}{4\pi}\int_{\mathrm{V}} \frac{\boldsymbol{j}(\boldsymbol{r}')}{|\boldsymbol{r}-\boldsymbol{r}'|}\,\mathrm{d}V' \tag{5.27}$$

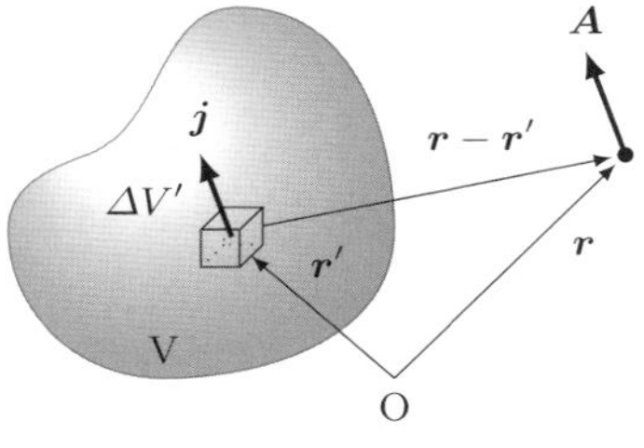

図 5.10　領域 V 中に分布した電流密度 $\boldsymbol{j}$ が作るベクトルポテンシャル

なお，**図5.11** のように，電流が 1 本の細い導線上を流れている場合は，式 (5.27) の電流密度 $\boldsymbol{j}$ と体積要素 $\Delta V'$ の積を式 (5.14) によって

$$\boldsymbol{j}\Delta V' = I\Delta \boldsymbol{l}'$$

と置き換えることで，電流 I を用いた次の形に表すことができる．

電流 I が作るベクトルポテンシャル

$$\boldsymbol{A}(\boldsymbol{r}) = \frac{\mu_0 I}{4\pi}\int \frac{\mathrm{d}\boldsymbol{l}'}{|\boldsymbol{r}-\boldsymbol{r}'|} \tag{5.28}$$

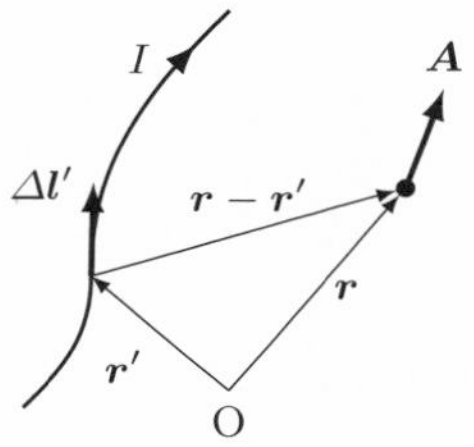

図 5.11　電流 I が作るベクトルポテンシャル

また電流全体ではなく，**図5.12** のように導線上の 1 つの電流素片 $I\Delta\boldsymbol{l}$ に着目し，その電流素片がそこから見た位置 $\boldsymbol{r}$ に作るベクトルポテンシャル $\Delta\boldsymbol{A}$ を考えると，式 (5.28) において $\boldsymbol{r}-\boldsymbol{r}'$ の代わりに $\boldsymbol{r}$ として積分をとる前の形を用いれば，

$$\Delta\boldsymbol{A}(\boldsymbol{r}) = \frac{\mu_0 I}{4\pi}\frac{\Delta\boldsymbol{l}}{r} \tag{5.29}$$

と表すことができる．

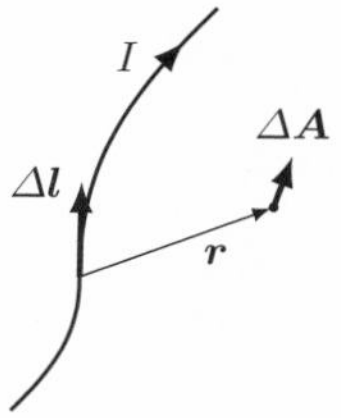

図 5.12　電流素片 $I\Delta\boldsymbol{l}$ が作るベクトルポテンシャル

クーロンゲージの検証

さて，ベクトルポテンシャル (5.27) はクーロンゲージのゲージ条件 (5.23) の下で求めたものであるから，式 (5.23) を満たしている必要がある．それを検証してみよう．そのためには式 (5.27) の発散

$$\nabla \cdot \boldsymbol{A}(\boldsymbol{r}) = \frac{\mu_0}{4\pi}\int_{\mathrm{V}} \nabla \cdot \frac{\boldsymbol{j}(\boldsymbol{r}')}{|\boldsymbol{r}-\boldsymbol{r}'|}\,\mathrm{d}V' \tag{5.30}$$

を計算して，その値が 0 であることを示せばよい．

ここでナブラ ∇ は，ダッシュの付かないベクトルポテンシャル $\boldsymbol{A}$ の位置 $\boldsymbol{r}$ だけに作用することに注意すると，式 (5.30) の被積分関数は

$$\nabla \cdot \frac{\boldsymbol{j}(\boldsymbol{r}')}{|\boldsymbol{r}-\boldsymbol{r}'|} = \boldsymbol{j}(\boldsymbol{r}') \cdot \nabla \frac{1}{|\boldsymbol{r}-\boldsymbol{r}'|} \tag{5.31}$$

と書けるが，ダッシュ付きの位置 $\boldsymbol{r}'$ に作用するナブラを ∇' で表せば

$$\nabla \frac{1}{|\boldsymbol{r}-\boldsymbol{r}'|} = -\nabla' \frac{1}{|\boldsymbol{r}-\boldsymbol{r}'|}$$

が成り立つので，式 (5.31) は

$$\nabla \cdot \frac{\boldsymbol{j}(\boldsymbol{r}')}{|\boldsymbol{r}-\boldsymbol{r}'|} = -\boldsymbol{j}(\boldsymbol{r}') \cdot \nabla' \frac{1}{|\boldsymbol{r}-\boldsymbol{r}'|} = -\nabla' \cdot \frac{\boldsymbol{j}(\boldsymbol{r}')}{|\boldsymbol{r}-\boldsymbol{r}'|} + \frac{\nabla' \cdot \boldsymbol{j}(\boldsymbol{r}')}{|\boldsymbol{r}-\boldsymbol{r}'|} \tag{5.32}$$

となる．さらに，静的な場の環境では式 (5.12) が満たされるので，式 (5.32) の右辺第 2 項は 0 になり，式 (5.30) は

$$\nabla \cdot \boldsymbol{A}(\boldsymbol{r}) = -\frac{\mu_0}{4\pi}\int_{\mathrm{V}} \nabla' \cdot \frac{\boldsymbol{j}(\boldsymbol{r}')}{|\boldsymbol{r}-\boldsymbol{r}'|}\,\mathrm{d}V' \tag{5.33}$$

と書くことができる．

式 (5.33) 右辺の積分はベクトル場 $\boldsymbol{j}(\boldsymbol{r}')/|\boldsymbol{r}-\boldsymbol{r}'|$ の発散の体積積分なのでガウスの定理 (3.14) を適用するこができ[*1]，その結果，表面積分

$$\nabla \cdot \boldsymbol{A}(\boldsymbol{r}) = -\frac{\mu_0}{4\pi}\int_{\mathrm{S}} \frac{\boldsymbol{j}(\boldsymbol{r}')}{|\boldsymbol{r}-\boldsymbol{r}'|} \cdot \boldsymbol{n}\,\mathrm{d}S \tag{5.34}$$

[*1] 式 (5.30) に対して，直接，ガウスの定理を適用することはできないことに注意しよう．なぜなら，式 (5.30) の積分は位置 $\boldsymbol{r}'$ に対して実行されるのに対して，ナブラ ∇ は位置 $\boldsymbol{r}$ に対して作用するからである．

により表される．ここで S は領域 V を囲む閉曲面であるが，領域 V は電流密度 $\boldsymbol{j}(\boldsymbol{r}')$ をすべて含むように十分大きくとる必要があるので，閉曲面 S 上ではいたるところ，$\boldsymbol{j}(\boldsymbol{r}')/|\boldsymbol{r}-\boldsymbol{r}'|$ の値はほとんど 0 としてよい．よって式 (5.34) より，クーロンゲージのゲージ条件 (5.23)

$$\nabla \cdot \boldsymbol{A} = 0$$

を満たしていることが示された．

5.5　ビオ・サバールの法則

磁束密度 $\boldsymbol{B}$ とベクトルポテンシャル $\boldsymbol{A}$ には式 (5.21) の関係があるので，電流 I が作るベクトルポテンシャル (5.28) による磁束密度は

$$\boldsymbol{B}(\boldsymbol{r}) = \nabla \times \boldsymbol{A}(\boldsymbol{r}) = \frac{\mu_0 I}{4\pi}\int \nabla \times \frac{\mathrm{d}\boldsymbol{l}'}{|\boldsymbol{r}-\boldsymbol{r}'|} \tag{5.35}$$

により与えられる．ナブラ ∇ は位置 $\boldsymbol{r}$ にのみ作用することに注意し，スカラー ϕ とベクトル $\boldsymbol{\alpha}$ に対して成り立つベクトル解析の公式

$$\nabla \times (\phi\boldsymbol{\alpha}) = (\nabla\phi) \times \boldsymbol{\alpha} + \phi\nabla \times \boldsymbol{\alpha} \tag{5.36}$$

を用いて式 (5.35) 右辺の被積分関数を計算すると

$$\nabla \times \frac{\Delta\boldsymbol{l}'}{|\boldsymbol{r}-\boldsymbol{r}'|} = \nabla\frac{1}{|\boldsymbol{r}-\boldsymbol{r}'|} \times \Delta\boldsymbol{l}' = -\frac{\boldsymbol{r}-\boldsymbol{r}'}{|\boldsymbol{r}-\boldsymbol{r}'|^3} \times \Delta\boldsymbol{l}'$$

となるので[*2]，式 (5.35) に代入して次の**ビオ・サバールの法則**を得る．

ビオ・サバールの法則（電流が作る磁束密度）

$$\boldsymbol{B}(\boldsymbol{r}) = \frac{\mu_0 I}{4\pi}\int \frac{\mathrm{d}\boldsymbol{l}' \times (\boldsymbol{r}-\boldsymbol{r}')}{|\boldsymbol{r}-\boldsymbol{r}'|^3} \tag{5.37}$$

◆ **練習問題** 5.2　ベクトル解析の公式 (5.36) を証明せよ．

---

*2 勾配 $\nabla\dfrac{1}{|\boldsymbol{r}-\boldsymbol{r}'|}$ の計算には式 (2.31) が利用できる．

式 (5.37) は電流全体が作る磁束密度を表しているが，**図5.13** のような導線上の 1 つの電流素片 $I\boldsymbol{\Delta l}$ が，そこから見た位置 $\boldsymbol{r}$ に作る磁束密度を $\boldsymbol{\Delta B}$ とすれば，ビオ・サバールの法則 (5.37) において $\boldsymbol{r}-\boldsymbol{r}'$ を $\boldsymbol{r}$ で置き換え，積分をする前の形を用いて次のように書くこともできる．

ビオ・サバールの法則（電流素片が作る磁束密度）

$$\boldsymbol{\Delta B}=\frac{\mu_0 I}{4\pi}\frac{\boldsymbol{\Delta l}\times\boldsymbol{r}}{r^3} \tag{5.38}$$

電流素片が作る磁束密度の向きは，式 (5.38) からわかるように，電流素片の向きからベクトル $\boldsymbol{r}$ の向きに右ねじを回したときのねじの進む方向である．図 5.13 の記号 $\otimes$ は，ベクトルが紙面の表から裏に向かっていることを表している．なお，ビオ・サバールの法則として，式 (5.38) が紹介されている場合も多い．

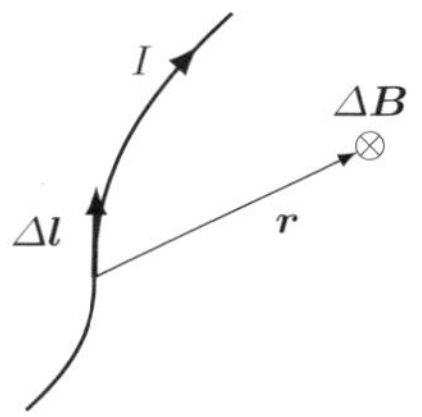

図 5.13　電流素片 $I\boldsymbol{\Delta l}$ が作る磁束密度

5.5.1　無限に長い直線電流が作る磁束密度—ビオ・サバールの法則から

ビオ・サバールの法則の応用例として，例 5.1 で取り上げた，無限に長い直線電流が作る磁束密度をビオ・サバールの法則 (5.37) を用いて計算してみよう．**図5.14** のように，電流 I が z 軸上を z 軸の正の向きに流れているとし，位置 $\boldsymbol{r}=(x,y,z)$ の点における磁束密度を $\boldsymbol{B}(\boldsymbol{r})$ とする．電流素片 $I\boldsymbol{\Delta l}'$ の位置座標を $\boldsymbol{r}'=(0,0,z')$ とおくと，z 軸方向正の向きの単位ベクトルを $\hat{\boldsymbol{z}}$ として $\boldsymbol{r}'=z'\hat{\boldsymbol{z}}$，$\boldsymbol{\Delta l}'=\Delta z'\hat{\boldsymbol{z}}$ と書ける．線要素 $\boldsymbol{\Delta l}'$ とベクトル $\boldsymbol{r}'$ は平行なので $\boldsymbol{\Delta l}'\times\boldsymbol{r}'=0$ であることに注意すると，式 (5.37) 右辺の積分の中身は

$$\frac{\boldsymbol{\Delta l}'\times(\boldsymbol{r}-\boldsymbol{r}')}{|\boldsymbol{r}-\boldsymbol{r}'|^3}=\frac{\boldsymbol{\Delta l}'\times\boldsymbol{r}}{|\boldsymbol{r}-\boldsymbol{r}'|^3}=\frac{\Delta z'}{\{x^2+y^2+(z-z')^2\}^{3/2}}\hat{\boldsymbol{z}}\times\boldsymbol{r}$$

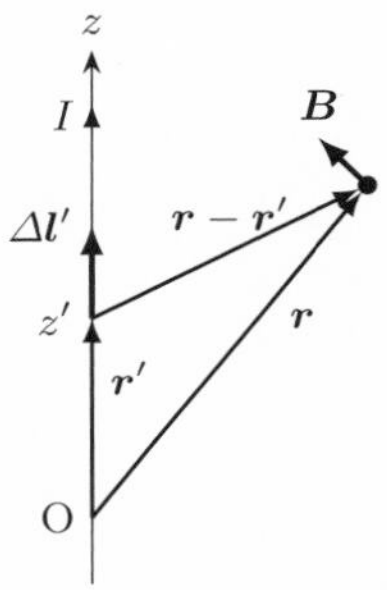

図 5.14　無限に長い直線電流が作る磁束密度

となる．これを式 (5.37) に代入し，積分はダッシュ付きの変数に対して実行されるため積分に寄与しない $\hat{\boldsymbol{z}} \times \boldsymbol{r}$ を積分の外に出して

$$\boldsymbol{B}(\boldsymbol{r}) = \frac{\mu_0 I}{4\pi}\left[\int_{-\infty}^{\infty} \frac{\mathrm{d}z'}{\{x^2 + y^2 + (z - z')^2\}^{3/2}}\right]\hat{\boldsymbol{z}} \times \boldsymbol{r} \qquad (5.39)$$

を得る．

式 (5.39) 右辺の積分は以下のように計算することができる．今，**図 5.15** のように位置 $\boldsymbol{r}$ の点の z 軸からの距離を $R = (x^2 + y^2)^{1/2}$ とおき，角度 ϕ を水平方向を $\phi = 0$ とし時計回りを正の向きにして図のように設定すると

$$z' - z = R \tan\phi$$

が成り立つので，両辺の ϕ による微分

$$\frac{\mathrm{d}z'}{\mathrm{d}\phi} = R\frac{\mathrm{d}}{\mathrm{d}\phi}\tan\phi = \frac{R}{\cos^2\phi}$$

を用いて積分変数を z' から ϕ に変換することができる．積分区間は $-\infty < z' < \infty$ に対して $-\pi/2 < \phi < \pi/2$ である．これより

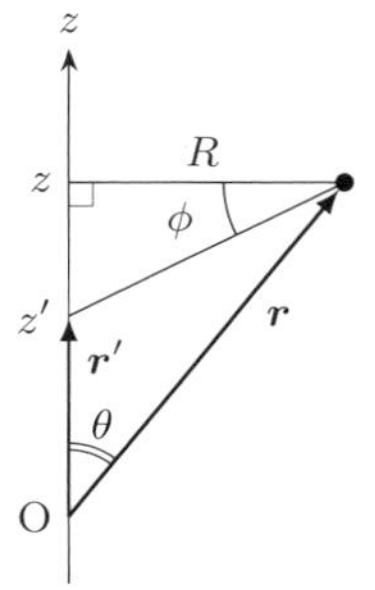

図 5.15 積分変数の変換

$$\begin{aligned}\int_{-\infty}^{\infty}\frac{\mathrm{d}z'}{\{x^2+y^2+(z-z')^2\}^{3/2}} &= \int_{-\pi/2}^{\pi/2}\frac{1}{\{x^2+y^2+(z-z')^2\}^{3/2}}\frac{\mathrm{d}z'}{\mathrm{d}\phi}\mathrm{d}\phi \\ &= \int_{-\pi/2}^{\pi/2}\frac{1}{\left(R^2+R^2\tan^2\phi\right)^{3/2}}\frac{R}{\cos^2\phi}\mathrm{d}\phi \\ &= \frac{1}{R^2}\int_{-\pi/2}^{\pi/2}\cos\phi\,\mathrm{d}\phi \\ &= \frac{2}{R^2} \qquad (5.40)\end{aligned}$$

と計算できるので，式 (5.39) に代入して次の表式を得る．

無限に長い直線電流が作る磁束密度

$$\boldsymbol{B}(\boldsymbol{r}) = \frac{\mu_0 I}{2\pi R^2}\hat{\boldsymbol{z}}\times\boldsymbol{r} \qquad (5.41)$$

※ R は位置 $\boldsymbol{r}$ の直線電流からの距離

式 (5.41) から，磁束密度 $\boldsymbol{B}$ は電流の向きから位置 $\boldsymbol{r}$ に右ねじを回したときのねじの進む方向を向きにもち，$|\hat{\boldsymbol{z}}\times\boldsymbol{r}| = r\sin\theta = R$ よりその大きさは

$$B = \frac{\mu_0 I}{2\pi R}$$

であることがわかる．この結果はアンペールの法則から求めた結果 (5.20) と一致する．

5.5.2　円電流が中心軸上に作る磁束密度

閉じた経路を流れる電流を**ループ電流**，特に経路が円形をしている場合を**円電流**とよぶ．**図5.16**のような，原点Oを中心としたxy平面上の反時計回りに大きさIの電流が流れる半径aの円電流が，z軸上に作る磁束密度をビオ・サバールの法則 (5.37) を用いて求めよう．

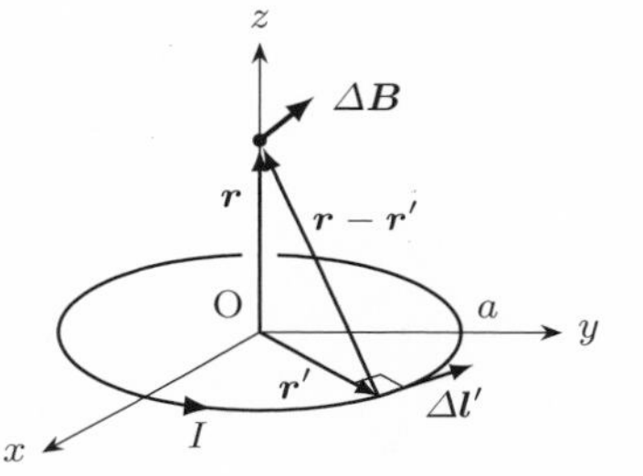

図 5.16　円電流上の電流素片 $I\Delta\boldsymbol{l}'$ が中心軸上に作る磁束密度

ここでz軸上の位置$\boldsymbol{r}$のz座標の値をzとすると

$$|\boldsymbol{r}-\boldsymbol{r}'| = \sqrt{a^2+z^2}$$

である．また，線要素$\Delta\boldsymbol{l}'$とベクトル$\boldsymbol{r}'$は互いに直交し，それらの外積$\Delta\boldsymbol{l}'\times\boldsymbol{r}'$が$z$軸方向負の向きを向くことから，$z$軸方向正の向きの単位ベクトルを$\hat{\boldsymbol{z}}$とおくと

$$\Delta\boldsymbol{l}'\times\boldsymbol{r}' = -a\Delta l'\hat{\boldsymbol{z}}$$

と書ける．これらをビオ・サバールの法則 (5.37) に代入して積分に寄与しない部分をすべて積分の外に出してしまうと，

$$\begin{aligned}\boldsymbol{B}(z) &= \frac{\mu_0 I}{4\pi}\oint\frac{\mathrm{d}\boldsymbol{l}'\times\boldsymbol{r}+a\hat{\boldsymbol{z}}\,\mathrm{d}l'}{(a^2+z^2)^{3/2}}\\ &= \frac{\mu_0 I}{4\pi(a^2+z^2)^{3/2}}\left(\oint\mathrm{d}\boldsymbol{l}'\right)\times\boldsymbol{r}+\frac{\mu_0 Ia}{4\pi(a^2+z^2)^{3/2}}\left(\oint\mathrm{d}l'\right)\hat{\boldsymbol{z}}\end{aligned} \tag{5.42}$$

となる．

図 5.17 に示すように閉曲線上の線要素 $\boldsymbol{\Delta l}$ をベクトルのまますべて足し合わせると最終的に始点に戻ってくることから，一般に閉曲線に対する周回積分 $\oint \mathrm{d}\boldsymbol{l}$ の値は 0 になる．したがって式 (5.42) の右辺第 1 項は消え，一方，右辺第 2 項の周回積分 $\oint \mathrm{d}l'$ は，円周上の線要素の大きさ $\Delta l' = |\boldsymbol{\Delta l'}|$ をすべて足し合わせたものなのでその値は円周の長さ $2\pi a$ である．以上から次の結果を得る．

原点を中心とした xy 平面上の半径 a の円電流が z 軸上に作る磁束密度

$$\boldsymbol{B}(z) = \frac{\mu_0 I a^2}{2(a^2+z^2)^{3/2}}\hat{\boldsymbol{z}} \tag{5.43}$$

図 5.17　閉曲線上の線要素 $\boldsymbol{\Delta l}$ をすべて足し合わせると始点に戻る

5.6 ソレノイドが作る磁束密度

図 5.18 のように，円筒状に密に巻かれたコイルを**ソレノイド**とよぶ．ソレノイドは直径に比べて十分に長く，ソレノイド内のどの位置も同じ条件が成り立つと仮定して，ソレノイドが作る磁束密度を段階的に求めよう．ここで，ソレノイドの半径を a，単位長さ当たりのコイルの巻き数を n，ソレノイドに流す電流を I とする．

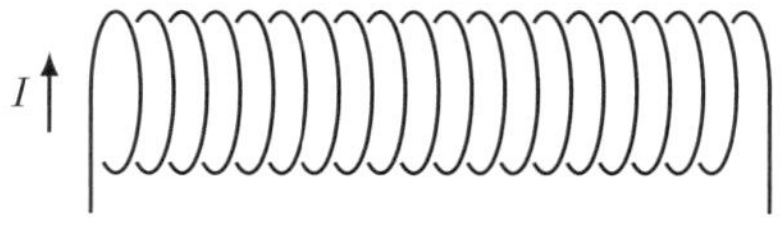

図 5.18　ソレノイド

5.6.1 磁束密度の方向

まず最初に，ソレノイドが作る磁束密度の方向を求めよう．ソレノイドは 1

本の導線でできたコイルが密に巻かれたものなので，ソレノイドの中心軸に対して垂直に置かれた，互いに等しい電流が流れる同じ形状の円電流が積み重なったものして扱うことができる．今，**図 5.19** のようにソレノイド近傍[*3]の点 P を考え，点 P から見て左右対称の位置にある 2 つの円電流上の，対応する位置にある電流素片をそれぞれ $I\Delta\boldsymbol{l}_1$，$I\Delta\boldsymbol{l}_2$ とする．これらの電流素片から点 P に至るベクトルを，それぞれ $\boldsymbol{r}_1$，$\boldsymbol{r}_2$ とおくと，この 2 つの電流素片が点 P に作る磁束密度は式 (5.38) により，それぞれの電流素片が作る磁束密度の和として

$$\Delta\boldsymbol{B} = \frac{\mu_0 I}{4\pi}\left(\frac{\Delta\boldsymbol{l}_1 \times \boldsymbol{r}_1}{|\boldsymbol{r}_1|^3} + \frac{\Delta\boldsymbol{l}_2 \times \boldsymbol{r}_2}{|\boldsymbol{r}_2|^3}\right) \tag{5.44}$$

と表される．

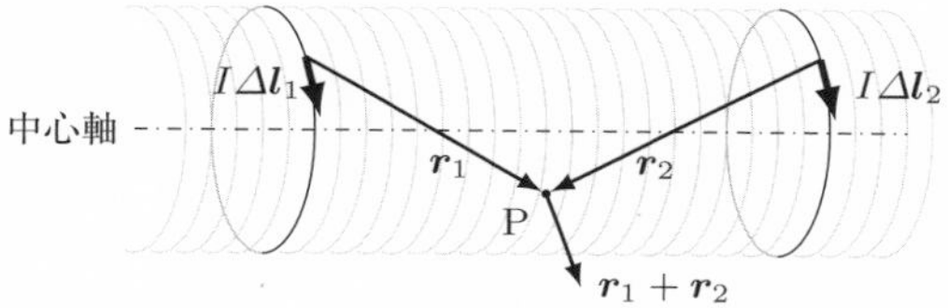

図 5.19　ソレノイド近傍の点 P に対し左右対称に位置する 2 つの円電流

ここで，この 2 つの電流素片が点 P から見て対称関係の位置にあることから

$$\Delta\boldsymbol{l}_1 = \Delta\boldsymbol{l}_2, \quad |\boldsymbol{r}_1| = |\boldsymbol{r}_2|$$

が成り立つことを用いると，式 (5.44) は

$$\Delta\boldsymbol{B} = \frac{\mu_0 I}{4\pi}\frac{\Delta\boldsymbol{l}_1 \times (\boldsymbol{r}_1 + \boldsymbol{r}_2)}{|\boldsymbol{r}_1|^3} \tag{5.45}$$

となる．さらに，同じ理由から，ベクトル $\boldsymbol{r}_1$ と $\boldsymbol{r}_2$ のソレノイドの中心軸に平行な成分は互いに打ち消し合って，これら 2 つのベクトルの和 $\boldsymbol{r}_1 + \boldsymbol{r}_2$ は中心軸に垂直となることがわかる．円電流上の線要素 $\Delta\boldsymbol{l}_1$ の方向もソレノイドの中心軸に垂直なので，それらの外積 $\Delta\boldsymbol{l}_1 \times (\boldsymbol{r}_1 + \boldsymbol{r}_2)$ は**図 5.20** に示すように中

[*3] ソレノイドから遠く離れた点に対してはソレノイドの長さが十分に長いという仮定が成り立ちにくくなるため，ここでは近傍の点のみ考える．ただし，点 P はソレノイドの内部の点でも外部の点でもよい．

心軸と平行になる[*4].

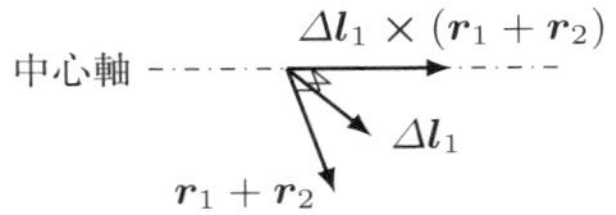

図 5.20 線要素 $\Delta \boldsymbol{l}_1$ とベクトル $\boldsymbol{r}_1 + \boldsymbol{r}_2$ は共に中心軸に垂直

この結果は，2つの円電流上の対応するすべての電流素片の組に対して言えるので，式 (5.45) を積分して得られる磁束密度も中心軸に平行になることがわかる．さらに，ソレノイドが十分に長いという仮定においては，点 P の左側にあるすべての円電流に対して，それと対称な位置に必ず円電流が存在することになるので，ソレノイドのすべての円電流の寄与を加えて得られる磁束密度も中心軸に平行になる．点 P はソレノイド近傍で任意であるから，磁束密度はソレノイドの近傍ではどの位置においても中心軸に平行であるという結論に至る．また，ソレノイドが十分に長いという仮定においては中心軸にそったどの位置も同じ条件が成り立つことから，磁束密度は中心軸にそって一様である．

5.6.2 中心軸上の磁束密度

図 5.21 はソレノイドの中心軸に沿った断面を描いたもので，記号 ⊙ は紙面の裏から表へ，⊗ は紙面の表から裏へ電流が流れていることを表している．中心軸を z 軸として，中心軸上の点 P における磁束密度を求めよう．

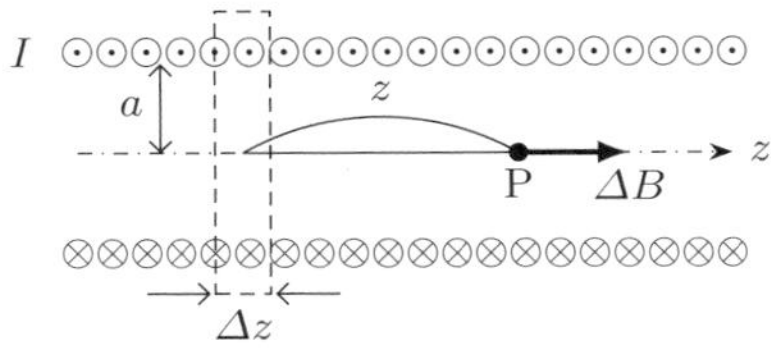

図 5.21 ソレノイドの中心軸にそった断面と中心軸上の磁束密度

このソレノイドの長さ Δz の部分には，1 本あたり I の電流が $n\Delta z$ 本流れているので，この部分は $In\Delta z$ の電流が流れる半径 a の円電流と見なすことが

*4 互いの関係がわかりやすいように各ベクトルを中心軸の位置まで平行移動して描いている．またベクトル $\Delta \boldsymbol{l}_1 \times (\boldsymbol{r}_1 + \boldsymbol{r}_2)$ の向きは点 P と線要素 $\Delta \boldsymbol{l}_1$ との位置関係によって右向きか左向きかが決まる．

できる．点 P が，この円電流から見て位置 z にあるとすると，式 (5.43) より，点 P にはこの円電流によって z 軸方向の正の向きに

$$\Delta B = \frac{\mu_0 n I a^2}{2(a^2 + z^2)^{3/2}} \Delta z$$

の磁束密度が作られる．したがってソレノイド全体が点 P に作る磁束密度は，これを z に関して $-\infty$ から ∞ まで積分して

$$B = \frac{\mu_0 n I a^2}{2} \int_{-\infty}^{\infty} \frac{\mathrm{d}z}{(a^2 + z^2)^{3/2}} \tag{5.46}$$

により与えられる．式 (5.46) 右辺の積分は，無限に長い直線電流が作る磁束密度 (5.39) に現れた積分と同じ形をしており，そこでの議論から

$$\int_{-\infty}^{\infty} \frac{\mathrm{d}z}{(a^2 + z^2)^{3/2}} = \frac{2}{a^2}$$

と計算できるので，式 (5.46) に代入して

$$B = \mu_0 n I \tag{5.47}$$

を得る．点 P は中心軸上に任意に設定できるので，式 (5.47) は中心軸上の任意の位置の磁束密度を表している．

5.6.3　中心軸以外の位置の磁束密度

続いて，アンペールの法則 (5.19) を利用して，中心軸以外の位置における磁束密度を求めよう．**図 5.22** のような，長さ d の辺 AB をソレノイドの中心軸上にもつ長方形の閉経路 ABCD を考える．左右の図はそれぞれ辺 CD をソレノイドの内部にとった場合と外部にとった場合である．先に **5.6.1 項**で示したようにソレノイド近傍の磁束密度はソレノイドの中心軸と平行になるので，どちらの場合も辺 BC，DA 上では磁束密度の経路にそった成分は 0 になる．また辺 AB 上の磁束密度は式 (5.47) で与えられるので，閉経路 ABCD 上に対する磁束密度の循環は右向きを正とする辺 CD 上の磁束密度を B' とおいて

$$\oint_{\mathrm{ABCD}} \boldsymbol{B} \cdot \mathrm{d}\boldsymbol{l} = \mu_0 n I d - B' d = (\mu_0 n I - B') d \tag{5.48}$$

となる．

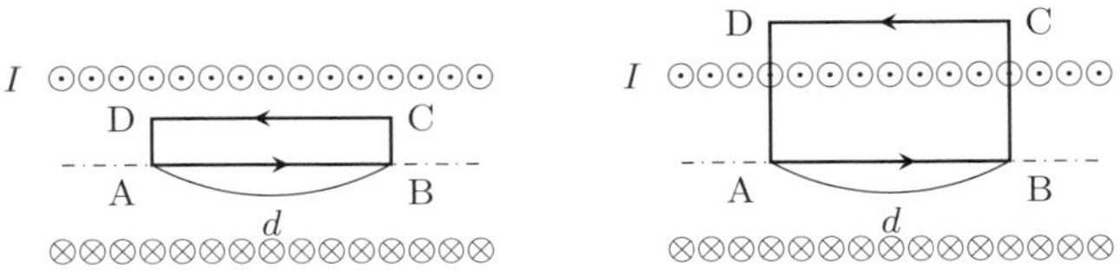

辺 CD をソレノイド内部にとった場合 辺 CD をソレノイド外部にとった場合

図 5.22 辺 AB を中心軸上にもつ長方形の閉経路

閉経路 ABCD を貫いて流れる電流 $I_{\rm C}$ は，図5.22 より，辺 CD をソレノイド内部にとった場合は $I_{\rm C}=0$，外部にとった場合は単位長さあたり nI の電流が流れているので $I_{\rm C}=nId$ であることがわかる．これより，式 (5.48) 右辺の値はアンペールの法則 (5.19) より

$$(\mu_0 nI - B')d = \begin{cases} 0 & \text{辺 CD をソレノイド内部にとった場合,} \\ \mu_0 nId & \text{辺 CD をソレノイド外部にとった場合} \end{cases}$$

となるので，ソレノイド内部では中心軸からの距離によらず中心軸上の磁束密度と等しい $B'=\mu_0 nI$ をとり，外部では $B'=0$ という結果を得る．以上をまとめると次のようになる．

ソレノイド内部の磁束密度

$$B = \mu_0 nI \tag{5.49}$$

※ n は単位長さあたりの巻数．電流の流れる向きに右ねじを回したときのねじの進む方向を磁束密度 B の正の向きとする．

図 5.23 はソレノイド近傍の磁束線の様子を表したものである．

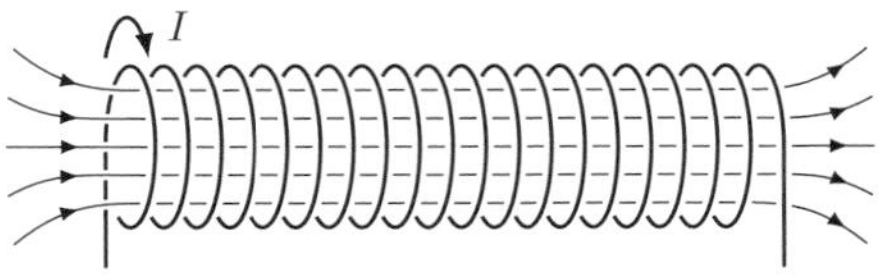

図 5.23 ソレノイド近傍の磁束線の様子

章末問題

5-1 電流 I_1, I_2 が流れる 2 本の無限に長い直線電流が距離 d だけ隔てて平行に置かれている．互いの電流の向きが同じ場合と逆の場合について，直線電流間に加わる単位長さあたりの力をそれぞれ求めよ．

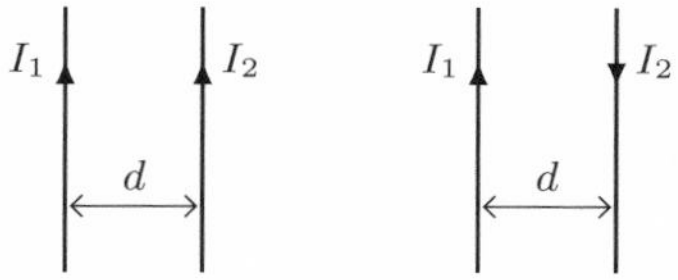

5-2 x 軸を共通の中心軸にもった半径 a の 2 つの同一形状の円型コイルに，同じ大きさの電流 I が同じ向きに流れている．コイル間の距離を d, 2 つのコイルの中点を原点 O として x 軸上の位置 x における磁束密度を求めよ．ただし，原点付近のみ考えるものとしてマクローリン展開により x^2 の項まで求めること．また，半径 a とコイル間の距離 d が等しいとき[*5]，この磁束密度がどのような特徴をもつようになるか考察せよ．

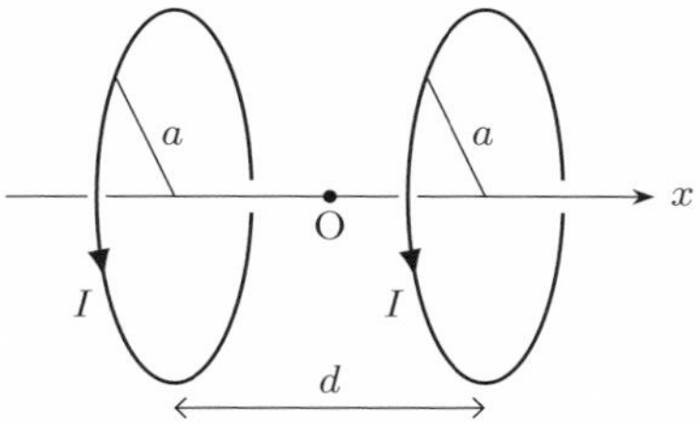

[*5] このような条件を満たすときこの 2 つコイルのペアは**ヘルムホルツコイル**とよばれる．

5-3 z 軸方向正の向きの一様な磁束密度 $\boldsymbol{B}$ の中に，質量 m，電荷 q をもった荷電粒子を初速度 $\boldsymbol{v}_0 = (v_1, 0, v_3)$ で原点 O から射出した．その後の荷電粒子の運動を求めよ．なお，この運動は**サイクロトロン運動**としてよく知られた運動である．

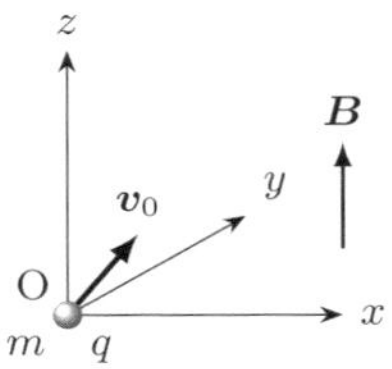

第6章 物質のあるところの静磁場

第5章では電流によって磁場が作られることを学習した．一方，われわれは磁石のN極とS極の間には引力が，同じ極の間には斥力が生じることを知っているが，これは磁石の周りに作られる磁場のはたらきによるものである．一見，磁石の中に電流が流れているようには見えないが，この磁場の源は何なのだろうか．本章では，物質の磁気的な性質について詳しく学習する．

6.1 磁気双極子

6.1.1 小さな円電流が作る磁束密度

円電流が中心軸上に作る磁束密度についてはすでに**5.5.2項**で議論した．本項では，小さな円電流がその半径に比べて非常に遠い距離に作る磁束密度について詳しく調べる．

図6.1に示すような，円電流が作る磁束密度をビオ・サバールの法則 (5.37) を用いて求めよう．円電流は xy 平面上にあり，中心は原点で半径は a，電流は大きさ I で反時計回りに流れているものとする．このとき，電流素片 $I\boldsymbol{\Delta l}'$ の位置を $\boldsymbol{r}'$ とおくと，位置 $\boldsymbol{r}$ における磁束密度はビオ・サバールの法則 (5.37) から

$$\boldsymbol{B}(\boldsymbol{r}) = \frac{\mu_0 I}{4\pi}\oint \frac{\mathrm{d}\boldsymbol{l}' \times (\boldsymbol{r}-\boldsymbol{r}')}{|\boldsymbol{r}-\boldsymbol{r}'|^3} \tag{6.1}$$

により与えられる．ここで，積分は円電流にそった周回積分である．

ベクトル $\boldsymbol{r}'$ と x 軸の間の角を θ とし，線要素 $\boldsymbol{\Delta l}'$ に対応した角 θ の変化分を $\Delta\theta$ とおけば，線要素 $\boldsymbol{\Delta l}'$ は大きさが $r'\Delta\theta$ で $\boldsymbol{r}'$ と z 軸の両方に垂直なベクトルとなるので，z 軸方向正の向きの単位ベクトルを $\hat{\boldsymbol{z}}$ とおくと

$$\boldsymbol{\Delta l}' = \hat{\boldsymbol{z}} \times \boldsymbol{r}'\Delta\theta \tag{6.2}$$

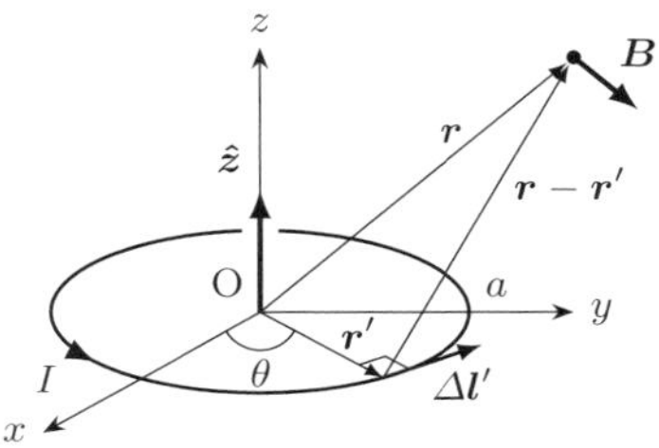

図 6.1　円電流が作る磁束密度

と表すことができる．ここでベクトル解析の公式

$$\boldsymbol{\alpha} \times (\boldsymbol{\beta} \times \boldsymbol{\gamma}) = (\boldsymbol{\gamma} \times \boldsymbol{\beta}) \times \boldsymbol{\alpha} = \boldsymbol{\beta}(\boldsymbol{\alpha} \cdot \boldsymbol{\gamma}) - \boldsymbol{\gamma}(\boldsymbol{\alpha} \cdot \boldsymbol{\beta}) \tag{6.3}$$

を用い，$\hat{\boldsymbol{z}} \cdot \boldsymbol{r}' = 0$，$\boldsymbol{r}' \cdot \boldsymbol{r}' = a^2$ であることに注意すると，式 (6.1) の積分の中の分子は

$$\begin{aligned}\Delta \boldsymbol{l}' \times (\boldsymbol{r} - \boldsymbol{r}') &= (\hat{\boldsymbol{z}} \times \boldsymbol{r}') \times (\boldsymbol{r} - \boldsymbol{r}')\Delta\theta \\ &= [\boldsymbol{r}'\{\hat{\boldsymbol{z}} \cdot (\boldsymbol{r} - \boldsymbol{r}')\} - \hat{\boldsymbol{z}}\{\boldsymbol{r}' \cdot (\boldsymbol{r} - \boldsymbol{r}')\}]\Delta\theta \\ &= \left\{\boldsymbol{r}'(\hat{\boldsymbol{z}} \cdot \boldsymbol{r}) - \hat{\boldsymbol{z}}\left(\boldsymbol{r}' \cdot \boldsymbol{r} - a^2\right)\right\}\Delta\theta \end{aligned} \tag{6.4}$$

となる．これによって，式 (6.1) の周回積分は θ に関する 0 から 2π の積分に置き換えることができる．

> ♦ **練習問題** 6.1　ベクトル解析の公式 (6.3) を証明せよ．

ここで，円電流の半径 a は小さく，観測位置までの距離 $|\boldsymbol{r}| = r$ が，a に比べて非常に大きいという条件 $r \gg a(= r')$ をおく．このとき，式 (6.1) の被積分関数に含まれる $1/|\boldsymbol{r} - \boldsymbol{r}'|^3$ は

$$\begin{aligned}\frac{1}{|\boldsymbol{r} - \boldsymbol{r}'|^3} &= \{(\boldsymbol{r} - \boldsymbol{r}') \cdot (\boldsymbol{r} - \boldsymbol{r}')\}^{-3/2} \\ &= \left(r^2 - 2\boldsymbol{r} \cdot \boldsymbol{r}' + a^2\right)^{-3/2} \\ &\simeq \frac{1}{r^3}\left(1 + \frac{3\boldsymbol{r} \cdot \boldsymbol{r}'}{r^2}\right)\end{aligned} \tag{6.5}$$

と近似することができるので，式 (6.4) および式 (6.5) を式 (6.1) に代入し，さらに積分に寄与しない部分を積分の外に出すと

$$\begin{aligned}\boldsymbol{B}(\boldsymbol{r}) &= \frac{\mu_0 I}{4\pi}\int_0^{2\pi}\frac{1}{r^3}\left(1+\frac{3\boldsymbol{r}\cdot\boldsymbol{r}'}{r^2}\right)\left\{\boldsymbol{r}'(\hat{\boldsymbol{z}}\cdot\boldsymbol{r})-\hat{\boldsymbol{z}}\big(\boldsymbol{r}'\cdot\boldsymbol{r}-a^2\big)\right\}\mathrm{d}\theta \\ &= \frac{\mu_0 I}{4\pi}\left[\frac{\hat{\boldsymbol{z}}\cdot\boldsymbol{r}}{r^3}\int_0^{2\pi}\left(1+\frac{3\boldsymbol{r}\cdot\boldsymbol{r}'}{r^2}\right)\boldsymbol{r}'\,\mathrm{d}\theta\right. \\ &\qquad\left.-\frac{\hat{\boldsymbol{z}}}{r^3}\int_0^{2\pi}\left(1+\frac{3\boldsymbol{r}\cdot\boldsymbol{r}'}{r^2}\right)(\boldsymbol{r}'\cdot\boldsymbol{r}-a^2)\,\mathrm{d}\theta\right] \\ &= \frac{\mu_0 I}{4\pi}\left[\frac{\hat{\boldsymbol{z}}\cdot\boldsymbol{r}}{r^3}\left\{\int_0^{2\pi}\boldsymbol{r}'\,\mathrm{d}\theta+\frac{3}{r^2}\int_0^{2\pi}(\boldsymbol{r}\cdot\boldsymbol{r}')\boldsymbol{r}'\,\mathrm{d}\theta\right\}\right. \\ &\qquad-\frac{\hat{\boldsymbol{z}}}{r^3}\left\{\left(1-\frac{3a^2}{r^2}\right)\left(\int_0^{2\pi}\boldsymbol{r}'\,\mathrm{d}\theta\right)\cdot\boldsymbol{r}\right. \\ &\qquad\left.\left.+\frac{3}{r^2}\int_0^{2\pi}(\boldsymbol{r}\cdot\boldsymbol{r}')^2\,\mathrm{d}\theta-a^2\int_0^{2\pi}\mathrm{d}\theta\right\}\right]\end{aligned}\tag{6.6}$$

のようにまとめることができる．

式 (6.6) 右辺に現れる積分を順番に見ていこう．まず積分 $\int_0^{2\pi}\mathrm{d}\theta$ の値は 2π であることがすぐわかる．次にベクトル $\boldsymbol{r}'$ の θ に関する 0 から 2π までの積分 $\int_0^{2\pi}\boldsymbol{r}'\,\mathrm{d}\theta$ は，ある $\boldsymbol{r}'$ に対して円電流の反対側に，それと打ち消すベクトル $\boldsymbol{r}'$ が必ず存在することから，円電流全体で積分した結果は 0 となる．

残りの積分 $\int_0^{2\pi}(\boldsymbol{r}\cdot\boldsymbol{r}')\boldsymbol{r}'\,\mathrm{d}\theta$，$\int_0^{2\pi}(\boldsymbol{r}\cdot\boldsymbol{r}')^2\,\mathrm{d}\theta$ は，以下のようにして具体的に実行することができる．今，z 軸方向正の向きの単位ベクトル $\hat{\boldsymbol{z}}$ に加えて x 軸方向，y 軸方向の正の向きの単位ベクトルをそれぞれ $\hat{\boldsymbol{x}}$，$\hat{\boldsymbol{y}}$ とおくと，ベクトル $\boldsymbol{r}$，$\boldsymbol{r}'$ はそれぞれ

$$\boldsymbol{r}=x\,\hat{\boldsymbol{x}}+y\,\hat{\boldsymbol{y}}+z\,\hat{\boldsymbol{z}},\quad \boldsymbol{r}'=a\cos\theta\,\hat{\boldsymbol{x}}+a\sin\theta\,\hat{\boldsymbol{y}}\tag{6.7}$$

と書くことができる．したがって各種三角関数の 0 から 2π までの積分

$$\begin{aligned}&\int_0^{2\pi}\cos\theta\,\mathrm{d}\theta=\int_0^{2\pi}\sin\theta\,\mathrm{d}\theta=\int_0^{2\pi}\cos\theta\sin\theta\,\mathrm{d}\theta=0,\\&\int_0^{2\pi}\cos^2\theta\,\mathrm{d}\theta=\int_0^{2\pi}\sin^2\theta\,\mathrm{d}\theta=\pi\end{aligned}\tag{6.8}$$

を用いて

$$\begin{aligned}\int_0^{2\pi}(\boldsymbol{r}\cdot\boldsymbol{r}')\boldsymbol{r}'\,\mathrm{d}\theta &= \int_0^{2\pi}(ax\cos\theta+ay\sin\theta)(a\cos\theta\,\hat{\boldsymbol{x}}+a\sin\theta\,\hat{\boldsymbol{y}})\,\mathrm{d}\theta\\ &= a^2\left\{\int_0^{2\pi}\left(x\cos^2\theta+y\sin\theta\cos\theta\right)\mathrm{d}\theta\right\}\hat{\boldsymbol{x}}\\ &\quad+a^2\left\{\int_0^{2\pi}\left(x\cos\theta\sin\theta+y\sin^2\theta\right)\mathrm{d}\theta\right\}\hat{\boldsymbol{y}}\\ &= \pi a^2(x\hat{\boldsymbol{x}}+y\hat{\boldsymbol{y}}),\end{aligned}\tag{6.9}$$

および

$$\begin{aligned}\int_0^{2\pi}(\boldsymbol{r}\cdot\boldsymbol{r}')^2\,\mathrm{d}\theta &= \int_0^{2\pi}(ax\cos\theta+ay\sin\theta)^2\,\mathrm{d}\theta\\ &= a^2\int_0^{2\pi}\left(x^2\cos^2\theta+2xy\cos\theta\sin\theta+y^2\sin^2\theta\right)\mathrm{d}\theta\\ &= \pi a^2\left(x^2+y^2\right)\end{aligned}\tag{6.10}$$

を得る．以上を式 (6.6) に代入し，$\boldsymbol{r}=x\,\hat{\boldsymbol{x}}+y\,\hat{\boldsymbol{y}}+z\,\hat{\boldsymbol{z}}$, $\hat{\boldsymbol{z}}\cdot\boldsymbol{r}=z$, $r^2=x^2+y^2+z^2$ の関係を用いると

$$\begin{aligned}\boldsymbol{B}(\boldsymbol{r}) &= \frac{\mu_0 I}{4\pi}\left[\frac{3\hat{\boldsymbol{z}}\cdot\boldsymbol{r}}{r^5}\pi a^2(x\hat{\boldsymbol{x}}+y\hat{\boldsymbol{y}})-\frac{\hat{\boldsymbol{z}}}{r^3}\left\{\frac{3}{r^2}\pi a^2\left(x^2+y^2\right)-2\pi a^2\right\}\right]\\ &= \frac{\mu_0}{4\pi}\left(\frac{3I\pi a^2\hat{\boldsymbol{z}}\cdot\boldsymbol{r}}{r^5}\boldsymbol{r}-\frac{I\pi a^2\hat{\boldsymbol{z}}}{r^3}\right)\end{aligned}\tag{6.11}$$

という結果が得られる．なお，式 (6.9) および式 (6.10) の積分については，応用が効いてかつ見通しのよい計算方法が存在するので，付録 A.2 に記載しておこう．

さて，**図6.2** に示すような小さなループ電流 I において，そのループを縁とする面の面積と法線ベクトルをそれぞれ ΔS，$\boldsymbol{\xi}$ として

$$\boldsymbol{m}=I\Delta S\boldsymbol{\xi}\tag{6.12}$$

によって定義されるベクトル $\boldsymbol{m}$ を**磁気双極子モーメント**または単に**磁気モーメント**といい，磁気モーメントの源である小さなループ電流を**磁気双極子**とよぶ．

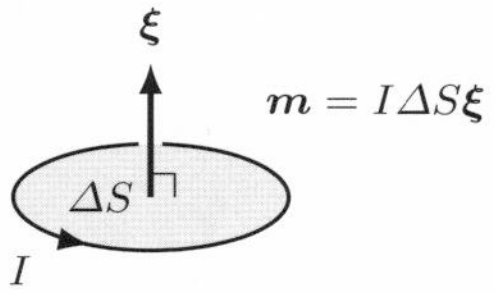

図 6.2　ループ電流と磁気モーメント $\boldsymbol{m}$

磁気モーメントの単位は電流 × 面積なので $[\mathrm{A{\cdot}m^2}]$ である．なお，磁気モーメント $\boldsymbol{m}$ をもつ磁気双極子のことを省略して磁気双極子 $\boldsymbol{m}$ ということもある．

ここで式 (6.12) において $\Delta S \to \pi a^2$，$\boldsymbol{\xi} \to \hat{\boldsymbol{z}}$ とすれば，式 (6.11) に現れる $I\pi a^2 \hat{\boldsymbol{z}}$ は磁気モーメント

$$\boldsymbol{m} = I\pi a^2 \hat{\boldsymbol{z}} \tag{6.13}$$

で置き換えられることがわかるだろう．これより次の表式を得る．

原点にある磁気双極子が作る磁束密度

$$\boldsymbol{B}(\boldsymbol{r}) = \frac{\mu_0}{4\pi}\left(\frac{3\boldsymbol{m}\cdot\boldsymbol{r}}{r^5}\boldsymbol{r} - \frac{\boldsymbol{m}}{r^3}\right) \tag{6.14}$$

図6.3 に磁気双極子 $\boldsymbol{m}$ が作る磁束密度 (6.14) の磁束線の様子を示す．式 (6.14) と電気双極子が作る電場 (4.5) を比べると，電気双極子と磁気双極子が，それぞれ電場，磁場の源として同じ役割を果たしていることがわかる．

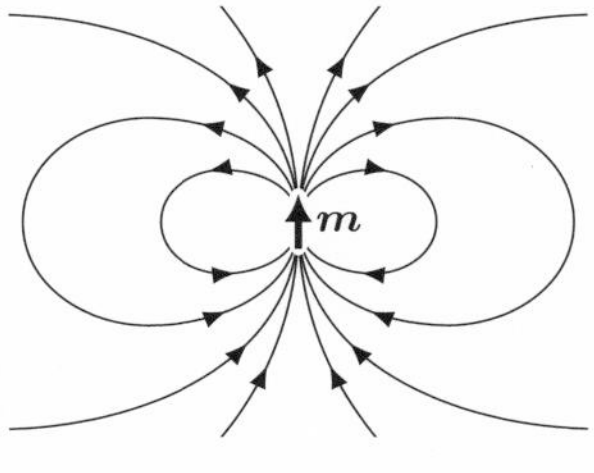

図 6.3　磁気双極子 $\boldsymbol{m}$ が作る磁場の磁束線

◆ **練習問題** 6.2　式 (6.8) を証明せよ．

6.1.2 磁気双極子が作るベクトルポテンシャル

図6.1の円電流を使って，磁気双極子が作るベクトルポテンシャル (5.28) を求めよう．

式 (6.5) の導出において用いた条件 $r \gg a(= r')$ により

$$
\begin{aligned}
\frac{1}{|\boldsymbol{r}-\boldsymbol{r}'|} &= \{(\boldsymbol{r}-\boldsymbol{r}')\cdot(\boldsymbol{r}-\boldsymbol{r}')\}^{-1/2} \\
&= \left(r^2 - 2\boldsymbol{r}\cdot\boldsymbol{r}' + a^2\right)^{-1/2} \\
&\simeq \frac{1}{r}\left(1 + \frac{\boldsymbol{r}\cdot\boldsymbol{r}'}{r^2}\right)
\end{aligned}
$$

と近似し，式 (6.6) の導出と同じ手続きにより，θ に関する 0 から 2π の積分に置き換えると式 (5.28) は

$$
\begin{aligned}
\boldsymbol{A}(\boldsymbol{r}) &= \frac{\mu_0 I}{4\pi}\oint \frac{\mathrm{d}\boldsymbol{l}'}{|\boldsymbol{r}-\boldsymbol{r}'|} \\
&= \frac{\mu_0 I}{4\pi}\int_0^{2\pi} \frac{1}{r}\left(1 + \frac{\boldsymbol{r}\cdot\boldsymbol{r}'}{r^2}\right)\hat{\boldsymbol{z}}\times\boldsymbol{r}'\,\mathrm{d}\theta \\
&= \frac{\mu_0 I\hat{\boldsymbol{z}}}{4\pi r}\times\int_0^{2\pi}\boldsymbol{r}'\,\mathrm{d}\theta + \frac{\mu_0 I\hat{\boldsymbol{z}}}{4\pi r^3}\times\int_0^{2\pi}(\boldsymbol{r}\cdot\boldsymbol{r}')\,\boldsymbol{r}'\,\mathrm{d}\theta
\end{aligned}
\tag{6.15}
$$

となる．式 (6.6) において示したように積分 $\displaystyle\int_0^{2\pi}\boldsymbol{r}'\,\mathrm{d}\theta$ の値は 0 で，式 (6.9) より

$$
\int_0^{2\pi}(\boldsymbol{r}\cdot\boldsymbol{r}')\,\boldsymbol{r}'\,\mathrm{d}\theta = \pi a^2(x\hat{\boldsymbol{x}} + y\hat{\boldsymbol{y}}) = \pi a^2(\boldsymbol{r} - z\hat{\boldsymbol{z}})
$$

が成り立つので，$\hat{\boldsymbol{z}}\times\hat{\boldsymbol{z}} = 0$ であることに注意すると式 (6.15) は

$$
\boldsymbol{A}(\boldsymbol{r}) = \frac{\mu_0 I\pi a^2\hat{\boldsymbol{z}}}{4\pi r^3}\times(\boldsymbol{r} - z\hat{\boldsymbol{z}}) = \frac{\mu_0 I\pi a^2\hat{\boldsymbol{z}}}{4\pi r^3}\times\boldsymbol{r}
$$

となる．磁気モーメント $\boldsymbol{m} = I\pi a^2\hat{\boldsymbol{z}}$ (6.13) を用いて次の表式を得る．

原点にある磁気双極子が作るベクトルポテンシャル

$$
\boldsymbol{A}(\boldsymbol{r}) = \frac{\mu_0}{4\pi}\frac{\boldsymbol{m}\times\boldsymbol{r}}{r^3} \tag{6.16}
$$

ベクトルポテンシャル $\boldsymbol{A}$ と磁束密度 $\boldsymbol{B}$ の間には式 (5.21) の関係がある．したがって，式 (6.16) のベクトルポテンシャルから，式 (6.14) の磁束密度が得られるはずである．これについては章末問題として読者に残しておくことにしよう．

6.1.3 磁気双極子が磁場から受ける力

磁気双極子は小さな円電流なので，磁場中に置かれると磁場から式 (5.17) で記述される力を受ける．**図6.4** に示す円電流上の電流素片 $I\Delta\boldsymbol{l}'$ が磁場から受ける力は，電流素片 $I\Delta\boldsymbol{l}'$ の位置における磁束密度を $\boldsymbol{B}'$ とおくと，式 (5.16) より

$$\Delta\boldsymbol{F} = I\Delta\boldsymbol{l}' \times \boldsymbol{B}' \tag{6.17}$$

で表される．したがって，この円電流に加わる力は円電流全体における周回積分

$$\boldsymbol{F} = I\oint \mathrm{d}\boldsymbol{l}' \times \boldsymbol{B}' \tag{6.18}$$

により与えられる．

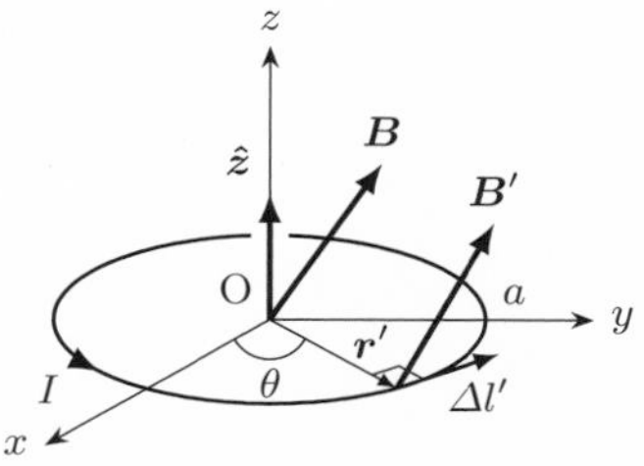

図 6.4　磁場中の小さな円電流

ここで円電流の半径 a は十分小さいとすると，電流素片 $I\Delta\boldsymbol{l}'$ の位置における磁束密度 $\boldsymbol{B}'$ は，式 (2.42) より原点近傍の磁束密度を $\boldsymbol{B}$ とおいて

$$\boldsymbol{B}' = (1 + \boldsymbol{r}' \cdot \boldsymbol{\nabla})\boldsymbol{B} \tag{6.19}$$

と書くことができる．式 (6.18) に代入して，原点近傍の磁束密度 $\boldsymbol{B}$ が積分に寄与しないことに注意してまとめると

$$\begin{aligned}\boldsymbol{F} &= I\oint \mathrm{d}\boldsymbol{l}' \times (1 + \boldsymbol{r}' \cdot \boldsymbol{\nabla})\boldsymbol{B} \\ &= I\left(\oint \mathrm{d}\boldsymbol{l}'\right) \times \boldsymbol{B} + I\oint \mathrm{d}\boldsymbol{l}' \times (\boldsymbol{r}' \cdot \boldsymbol{\nabla})\boldsymbol{B}\end{aligned}$$

となるが，右辺第 1 項の線要素の周回積分は図 5.17 において示したように 0 になるので

$$\boldsymbol{F} = I\oint \mathrm{d}\boldsymbol{l}' \times (\boldsymbol{r}' \cdot \boldsymbol{\nabla})\boldsymbol{B} \tag{6.20}$$

を得る．式 (6.2) および式 (6.7) によって線要素 $\Delta\boldsymbol{l}'$ を

$$\Delta\boldsymbol{l}' = \hat{\boldsymbol{z}} \times \boldsymbol{r}'\Delta\theta = \hat{\boldsymbol{z}} \times (a\cos\theta\hat{\boldsymbol{x}} + a\sin\theta\hat{\boldsymbol{y}})\Delta\theta = (a\cos\theta\,\hat{\boldsymbol{y}} - a\sin\theta\,\hat{\boldsymbol{x}})\Delta\theta$$

と表して，式 (6.20) の積分変数を θ に置き換え，ナブラ $\boldsymbol{\nabla}$ のベクトル表記 (2.17) および磁束密度 $\boldsymbol{B}$ の成分表示

$$\boldsymbol{B} = B_x\hat{\boldsymbol{x}} + B_y\hat{\boldsymbol{y}} + B_z\hat{\boldsymbol{z}}$$

を用いると，式 (6.20) は

$$\begin{aligned}\boldsymbol{F} &= I\int_0^{2\pi}(a\cos\theta\hat{\boldsymbol{y}} - a\sin\theta\hat{\boldsymbol{x}})\mathrm{d}\theta \times \left(a\cos\theta\frac{\partial}{\partial x} + a\sin\theta\frac{\partial}{\partial y}\right)(B_x\hat{\boldsymbol{x}} + B_y\hat{\boldsymbol{y}} + B_z\hat{\boldsymbol{z}}) \\ &= Ia^2\int_0^{2\pi}\left\{\left(\cos^2\theta\frac{\partial B_z}{\partial x} + \cos\theta\sin\theta\frac{\partial B_z}{\partial y}\right)\hat{\boldsymbol{x}} + \left(\sin\theta\cos\theta\frac{\partial B_z}{\partial x} + \sin^2\theta\frac{\partial B_z}{\partial y}\right)\hat{\boldsymbol{y}}\right. \\ &\qquad \left. - \left(\cos^2\theta\frac{\partial B_x}{\partial x} + \cos\theta\sin\theta\frac{\partial B_x}{\partial y} + \sin\theta\cos\theta\frac{\partial B_y}{\partial x} + \sin^2\theta\frac{\partial B_y}{\partial y}\right)\hat{\boldsymbol{z}}\right\}\mathrm{d}\theta\end{aligned}$$

と変形できる．各種三角関数の積分 (6.8) を用いて積分を実行すると

$$\begin{aligned}\boldsymbol{F} &= I\pi a^2\left\{\frac{\partial B_z}{\partial x}\hat{\boldsymbol{x}} + \frac{\partial B_z}{\partial y}\hat{\boldsymbol{y}} - \left(\frac{\partial B_x}{\partial x} + \frac{\partial B_y}{\partial y}\right)\hat{\boldsymbol{z}}\right\} \\ &= I\pi a^2\left\{\frac{\partial B_z}{\partial x}\hat{\boldsymbol{x}} + \frac{\partial B_z}{\partial y}\hat{\boldsymbol{y}} + \frac{\partial B_z}{\partial z}\hat{\boldsymbol{z}} - \left(\frac{\partial B_x}{\partial x} + \frac{\partial B_y}{\partial y} + \frac{\partial B_z}{\partial z}\right)\hat{\boldsymbol{z}}\right\} \\ &= I\pi a^2\left\{\left(\hat{\boldsymbol{x}}\frac{\partial}{\partial x} + \hat{\boldsymbol{y}}\frac{\partial}{\partial y} + \hat{\boldsymbol{z}}\frac{\partial}{\partial z}\right)B_z - (\boldsymbol{\nabla} \cdot \boldsymbol{B})\hat{\boldsymbol{z}}\right\}\end{aligned} \tag{6.21}$$

という結果になる．磁束密度 $\boldsymbol{B}$ の z 成分 B_z は $B_z = \hat{\boldsymbol{z}} \cdot \boldsymbol{B}$ と書くことができ，また B_z に掛かる部分はナブラ $\boldsymbol{\nabla}$ のベクトル表記 (2.17) なので

$$\left(\hat{\boldsymbol{x}}\frac{\partial}{\partial x} + \hat{\boldsymbol{y}}\frac{\partial}{\partial y} + \hat{\boldsymbol{z}}\frac{\partial}{\partial z}\right)B_z = \boldsymbol{\nabla}(\hat{\boldsymbol{z}} \cdot \boldsymbol{B})$$

と書ける．磁束密度については $\nabla \cdot \boldsymbol{B} = 0$ (5.2) が成り立つので，磁気モーメント $\boldsymbol{m} = I\pi a^2 \hat{\boldsymbol{z}}$ (6.13) を用いて次の表式を得る．

磁気双極子が磁場から受ける力

$$\boldsymbol{F} = \nabla(\boldsymbol{m} \cdot \boldsymbol{B}) \tag{6.22}$$

6.1.4　磁気双極子が磁場から受ける力のモーメント

電気双極子が電場から力のモーメント (4.13) を受けるのと同様に，磁気双極子も磁場から力のモーメントを受ける．図6.4 の小さな円電流を用いて，磁気双極子が磁場から受ける力のモーメントを計算しよう．

円電流上の電流素片 $I\Delta\boldsymbol{l}'$ が磁場から受ける力は式 (6.17) で与えられるので，この部分が磁場から受ける力のモーメントを $\Delta\boldsymbol{N}$ とおくと式 (2.13) より

$$\Delta\boldsymbol{N} = \boldsymbol{r}' \times \Delta\boldsymbol{F} = I\boldsymbol{r}' \times (\Delta\boldsymbol{l}' \times \boldsymbol{B}') \tag{6.23}$$

となる．右辺の 2 重の外積はベクトル解析の公式 (6.3) により

$$\boldsymbol{r}' \times (\Delta\boldsymbol{l}' \times \boldsymbol{B}') = \Delta\boldsymbol{l}'(\boldsymbol{r}' \cdot \boldsymbol{B}') - \boldsymbol{B}'(\boldsymbol{r}' \cdot \Delta\boldsymbol{l}')$$

と展開できるので，$\boldsymbol{r}' \cdot \Delta\boldsymbol{l}' = 0$ であることを用い，$\Delta\boldsymbol{l}'$，$\boldsymbol{B}'$ をそれぞれ式 (6.2)，式 (6.19) により置き換えると

$$\Delta\boldsymbol{N} = I\hat{\boldsymbol{z}} \times \boldsymbol{r}'(\boldsymbol{r}' \cdot \boldsymbol{B})\Delta\theta + I\hat{\boldsymbol{z}} \times \boldsymbol{r}'(\boldsymbol{r}' \cdot \nabla)(\boldsymbol{r}' \cdot \boldsymbol{B})\Delta\theta \tag{6.24}$$

を得る．ここで $\boldsymbol{r}' = a\cos\theta\,\hat{\boldsymbol{x}} + a\sin\theta\,\hat{\boldsymbol{y}}$ (6.7) を代入すると，式 (6.24) 右辺の第 2 項はベクトル $\boldsymbol{r}'$ を 3 つ含むため展開して得られるすべての項は

$$\cos^3\theta,\ \cos^2\theta\sin\theta,\ \cos\theta\sin^2\theta,\ \sin^3\theta \tag{6.25}$$

のいずれかを含むことになる．これらはすべて θ に関して 0 から 2π まで積分をすると 0 になるので（章末問題 6-1），第 1 項のみ考えればよい．第 1 項のベクトルの部分は $\boldsymbol{B} = B_x\,\hat{\boldsymbol{x}} + B_y\,\hat{\boldsymbol{y}} + B_z\,\hat{\boldsymbol{z}}$ を代入すると

$$\begin{aligned}
&\hat{\boldsymbol{z}} \times \boldsymbol{r}'(\boldsymbol{r}' \cdot \boldsymbol{B})\\
&\quad = a^2(\cos\theta\,\hat{\boldsymbol{y}} - \sin\theta\,\hat{\boldsymbol{x}})(B_x\cos\theta + B_y\sin\theta)\\
&\quad = a^2\big\{-\big(B_x\sin\theta\cos\theta + B_y\sin^2\theta\big)\hat{\boldsymbol{x}} + \big(B_x\cos^2\theta + B_y\cos\theta\sin\theta\big)\hat{\boldsymbol{y}}\big\}
\end{aligned}$$

となるので，式 (6.24) に代入し式 (6.8) を用いて θ に関して 0 から 2π まで積分すると

$$
\begin{aligned}
\boldsymbol{N} &= Ia^2 \int_0^{2\pi} \{-(B_x \sin\theta\cos\theta + B_y \sin^2\theta)\hat{\boldsymbol{x}} \\
&\qquad\qquad + \bigl(B_x \cos^2\theta + B_y \cos\theta\sin\theta\bigr)\hat{\boldsymbol{y}}\}\,\mathrm{d}\theta \\
&= I\pi a^2(-B_y\hat{\boldsymbol{x}} + B_x\hat{\boldsymbol{y}}) \\
&= I\pi a^2\,\hat{\boldsymbol{z}} \times \boldsymbol{B}
\end{aligned}
$$

という結果になる．磁気モーメント $\boldsymbol{m} = I\pi a^2\hat{\boldsymbol{z}}$ (6.13) を用いて次の表式を得る．

磁気双極子が磁場から受ける力のモーメント

$$\boldsymbol{N} = \boldsymbol{m} \times \boldsymbol{B} \tag{6.26}$$

式 (6.26) で表される力のモーメント $\boldsymbol{N}$ は，**図6.5** のように，ベクトル $\boldsymbol{N}$ を軸として磁気双極子 $\boldsymbol{m}$ を磁束密度 $\boldsymbol{B}$ に揃えようとする偶力としてはたらく．

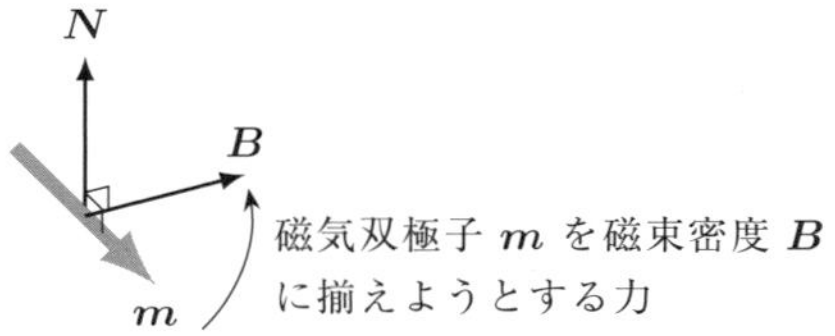

図 6.5 磁気双極子が磁場から受ける力のモーメント

6.1.5 磁気双極子がもつポテンシャルエネルギー

磁場の中に置かれた磁気双極子は，力のモーメント (6.26) の作用で，やがて磁気モーメント $\boldsymbol{m}$ と磁束密度 $\boldsymbol{B}$ が揃った最も安定な状態に落ち着くことになる．その状態から力のモーメントと釣り合いを保ちながら外から偶力を加えて磁気双極子をゆっくりと回転させると，そのときに要した仕事 W は磁気双極子がもつポテンシャルエネルギーとして蓄えられる．

図6.6 のように，磁気双極子の回転の中心を G とし，G から磁気モーメント $\boldsymbol{m}$ にそった位置 $\boldsymbol{r}'$，$-(\boldsymbol{r} - \boldsymbol{r}')$ にそれぞれ力 $\boldsymbol{F}$ および $-\boldsymbol{F}$ を加えたとする

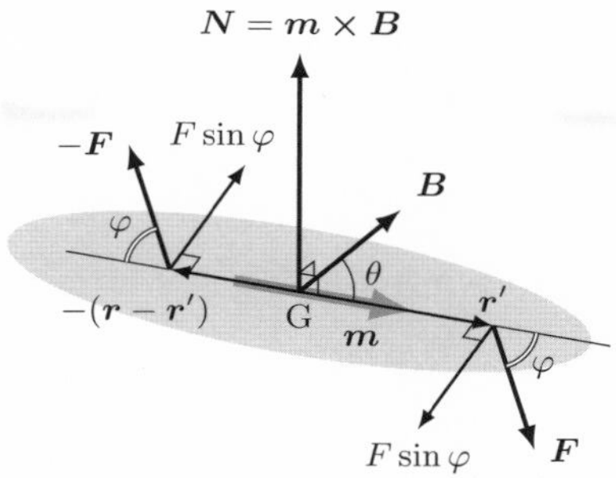

図 6.6　偶力を加えて釣り合いを保ちながら磁気双極子を回転させる

と，加えた力のモーメント

$$\boldsymbol{r}' \times \boldsymbol{F} - (\boldsymbol{r} - \boldsymbol{r}') \times (-\boldsymbol{F}) = \boldsymbol{r} \times \boldsymbol{F}$$

と磁場から受ける力のモーメント (6.26) との釣り合いの条件は

$$\boldsymbol{r} \times \boldsymbol{F} = -\boldsymbol{m} \times \boldsymbol{B} \tag{6.27}$$

と書ける．

ここで磁気モーメント $\boldsymbol{m}$ と力 $\boldsymbol{F}$ がなす角を φ とおくと，力 $\boldsymbol{F}$，$-\boldsymbol{F}$ の $\boldsymbol{m}$ に対する垂直成分の大きさは共に $F\sin\varphi$ となる．これより，磁気双極子を $\varDelta\theta$ だけ回転させるのに要する仕事 $\varDelta W$ は，磁気モーメント $\boldsymbol{m}$ と磁束密度 $\boldsymbol{B}$ の間の角を θ とすると

$$\varDelta W = F\sin\varphi|\boldsymbol{r}'|\varDelta\theta + F\sin\varphi|\boldsymbol{r} - \boldsymbol{r}'|\varDelta\theta = Fr\sin\varphi\,\varDelta\theta = |\boldsymbol{r} \times \boldsymbol{F}|\varDelta\theta$$

と表されるので，釣り合いの条件 (6.27) を代入して

$$\varDelta W = |\boldsymbol{m} \times \boldsymbol{B}|\varDelta\theta = mB\sin\theta\,\varDelta\theta \tag{6.28}$$

が導かれる．よって安定な状態 $\theta = 0$ から θ まで回転させるのに要する仕事は式 (6.28) を積分して

$$W = mB\int_0^\theta \sin\theta\,\mathrm{d}\theta + C = -mB\cos\theta + mB + C = -\boldsymbol{m}\cdot\boldsymbol{B} + mB + C$$

と計算できる．ここで C はエネルギーの基準点によって決まる定数である．よって，磁気双極子 $\boldsymbol{m}$ と磁束密度 $\boldsymbol{B}$ が直交している状態をエネルギーの基準点として選んで $(C = -mB)$，磁気双極子のもつポテンシャルエネルギー U に関する次の表式を得る．

磁気双極子がもつポテンシャルエネルギー

$$U = -\boldsymbol{m} \cdot \boldsymbol{B} \tag{6.29}$$

なお，式 (6.29) と磁気双極子に加わる力 (6.22) を比べると

$$\boldsymbol{F} = -\boldsymbol{\nabla} U$$

の関係にあることがわかる．

6.2　磁化と磁場

6.2.1　磁化

物質は**原子**または複数個の原子が結合した**分子**から作られており，原子は中心にある**原子核**と 1 個または複数個の電子により構成されている．電子は**図 6.7** に示すように，スピンとよばれる自転運動と原子核を中心とした軌道運動を行っているが，e を電気素量として $-e$ の電荷をもっているため，それらの運動がそれぞれの回転軸を回る円電流となり，電子や原子に固有の磁気モーメントを生じさせている．物質の磁気的性質はこれらの磁気モーメントの振る舞いによって決まってくる．

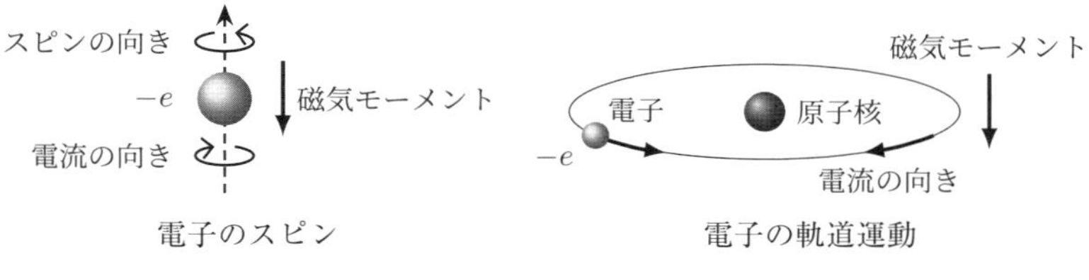

図 6.7　電子のスピンと軌道運動による磁気モーメント

そこで，物質の磁気的性質を表す量として単位体積あたりの磁気モーメントである**磁化**が用いられる．磁化は誘電体における分極ベクトル（**4.2.2 項**）に

対応するもので，物質の体積要素 ΔV 中に含まれる磁気モーメント $\boldsymbol{m}_i$ の和を ΔV で割り算して得られるベクトル

$$\boldsymbol{M} = \frac{\sum_i \boldsymbol{m}_i}{\Delta V} \tag{6.30}$$

として定義される．磁気モーメントの単位が $[\mathrm{A{\cdot}m^2}]$ なので，磁化の単位は $[\mathrm{A/m}]$ である．なお，物質内に0でない磁化が生じることを物質が**磁化する**という．

6.2.2　分子電流

電子のスピンや軌道運動（図6.7）によって磁気モーメントが生じるメカニズムを正確に理解するためには量子力学の知識を必要とするので説明を省略し，ここから先は，物質内に磁気モーメントを生じさせているものが，小さな円電流による磁気双極子であるというモデルに基づいて考察を進めていこう．

磁化 $\boldsymbol{M}$ をもつ物質中に，**図6.8** のようにその中心軸が磁化 $\boldsymbol{M}$ と平行で高さが Δl の円柱を考える．円柱は十分小さく，この中に含まれる磁気双極子を作る円電流はすべて同一の形状をしており，円柱の底面積は円電流の面積 ΔS に等しいとする．円電流の法線ベクトルを $\boldsymbol{\xi}$，i 番目の円電流の電流を I_i とおけば，i 番目の円電流の磁気モーメントは式 (6.12) より $\boldsymbol{m}_i = I_i \Delta S \boldsymbol{\xi}$ と書けるので，円柱内の磁気モーメントの合計は

$$\sum_{\text{円柱}} \boldsymbol{m}_i = \sum_{\text{円柱}} I_i \Delta S \boldsymbol{\xi} = \Delta S \boldsymbol{\xi} \sum_{\text{円柱}} I_i \tag{6.31}$$

となる．式 (6.31) および円柱の体積 $\Delta V = \Delta S \Delta l$ を式 (6.30) に代入して

$$\boldsymbol{M} = \frac{\sum_{\text{円柱}} \boldsymbol{m}_i}{\Delta V} = \frac{\sum_{\text{円柱}} I_i}{\Delta l} \boldsymbol{\xi} \tag{6.32}$$

を得る．電流 I_i は円柱の表面を流れる小さな円電流で，電流の流れる仕組みが通常の自由電子の運動によるものと異なるため，それと区別して**分子電流**とよばれる．式 (6.32) は，磁化 $\boldsymbol{M}$ の大きさが $\boldsymbol{M}$ に平行な細い円柱の表面を流れる単位長さあたりの分子電流に等しいことを示している．

分子電流の電流密度

図6.9 のように物質中に閉曲線Cを設定する．このとき，Cを縁とする曲面Sを貫く分子電流は，分子電流の電流密度を $\boldsymbol{j}_{\mathrm{m}}$，曲面Sの面積要素を $\Delta S \boldsymbol{n}$ と

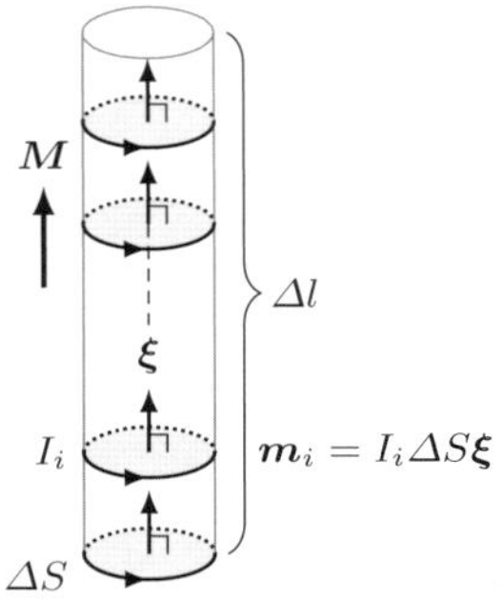

図 6.8　磁化と分子電流

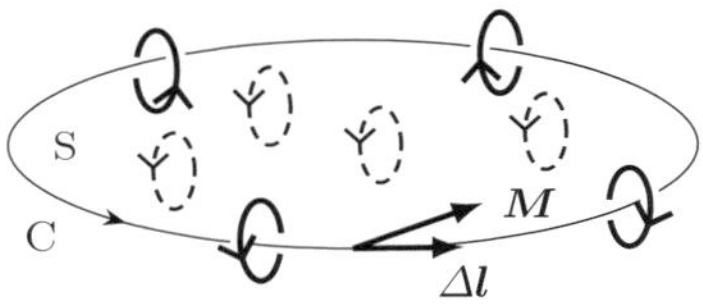

図 6.9　閉曲線 C を縁とする曲面 S を貫く分子電流

すると，

$$\int_{\mathrm{S}} \boldsymbol{j}_{\mathrm{m}} \cdot \boldsymbol{n} \, \mathrm{d}S \tag{6.33}$$

と表される．分子電流は小さなループ状の電流なので，図6.9 に破線で描かれているような閉曲線 C の内側にある分子電流については，下から上に貫く電流と上から下に貫く電流が相殺するため，式 (6.33) の積分には寄与せず，図6.9 に実線で描かれているような閉曲線 C を囲むようにして流れる分子電流だけが式 (6.33) の積分に寄与することになる．

閉曲線 C 上の線要素 $\Delta \boldsymbol{l}$ を囲んで流れる分子電流は，$\Delta \boldsymbol{l}$ を中心軸とする小さな円柱の表面を流れる分子電流として求められる．磁化 $\boldsymbol{M}$ の大きさ M は $\boldsymbol{M}$ にそった単位長さあたりを流れる分子電流を表すので，**図6.10** のように磁化 $\boldsymbol{M}$ と線要素 $\Delta \boldsymbol{l}$ のなす角を θ とすると，線要素 $\Delta \boldsymbol{l}$ を囲んで流れる分子電流は $M \Delta l \cos\theta = \boldsymbol{M} \cdot \Delta \boldsymbol{l}$ により与えられることがわかる．したがって，閉曲線 C を囲んで流れる分子電流の合計はこれを閉曲線 C に関して周回積分して

$$\oint_{\mathrm{C}} \boldsymbol{M} \cdot \mathrm{d}\boldsymbol{l} = \int_{\mathrm{S}} \nabla \times \boldsymbol{M} \cdot \boldsymbol{n} \, \mathrm{d}S \tag{6.34}$$

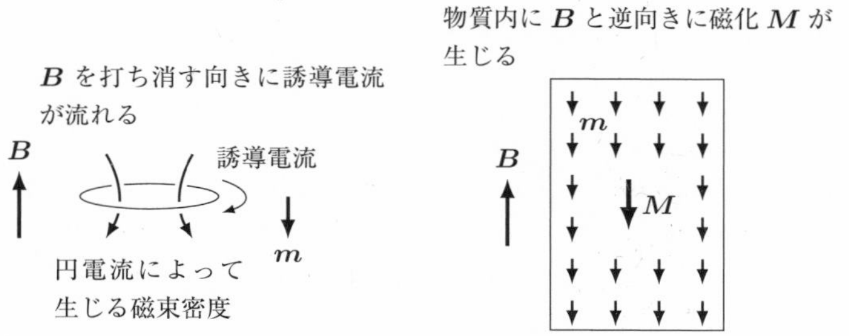

図 6.12　外から加えた磁束密度 $\boldsymbol{B}$ により物質内に磁化が生じるメカニズム

強磁性体では磁場 $\boldsymbol{H}$ と磁化 $\boldsymbol{M}$ の関係は式 (6.39) のような比例関係ではなく，**図6.13** に示すような**ヒステリシス曲線**で表される．磁場 H と磁化 M が共に 0 の点 O から出発し，徐々に磁場を大きくしていくと，磁化がそれ以上大きくならない飽和状態（点 A）に達する．その後，磁場を徐々に小さくしていくと，それに伴い磁化も小さくなるが，磁場が 0 になっても磁化は 0 に戻らない（点 B）．このときの磁化 M_{r} を**残留磁化**という．そこから逆向きの磁場をかけて大きくしていくと，やがて磁化は 0 になり，その後逆向きの飽和状態（点 C）に達する．再び磁場を弱くしていくと，磁場が 0 になったときに逆向きの残留磁化をもつ状態（点 D）に達し，再度，磁場を最初の向きにかけて強くしていくと点 A の飽和状態に戻る．**永久磁石**はこの残留磁化によって周囲に磁場が作られるようになったものである．

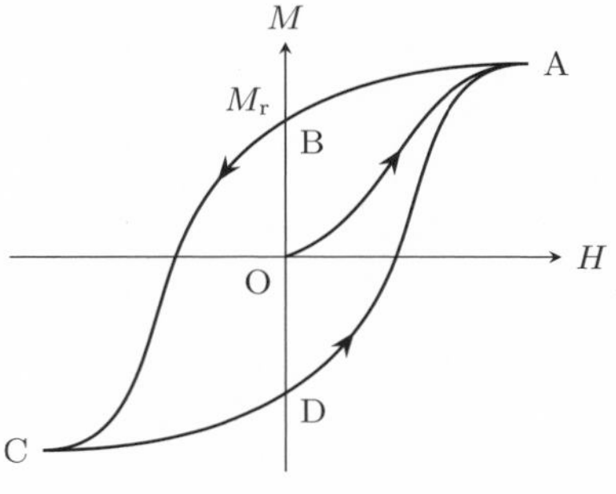

図 6.13　強磁性体のヒステリシス曲線

強磁性体では式 (6.39) が成り立たないため，単純な磁化率 χ_{m} は定義できない．表6.1に記載されている鉄の磁化率は，図6.13の点Oから点Aに至る間の最大の M/H の値が記されている．

6.4 物質の接触面における境界条件

誘電体に対して行った議論（**4.4節**参照）と同様の論法を用いることで，磁場 $\boldsymbol{H}$ および磁束密度 $\boldsymbol{B}$ の異なる物質の境界における条件を求めることができる．なお，物質中には真電流は流れていないものとし ($\boldsymbol{j}_{\mathrm{t}} = 0$)，2つの物質の透磁率をそれぞれ μ_1，μ_2，磁場を $\boldsymbol{H}_1$，$\boldsymbol{H}_2$，磁束密度を $\boldsymbol{B}_1$，$\boldsymbol{B}_2$ とする．

6.4.1 磁場に対する境界条件

図6.14のように，物質の境界面をまたぐようにして，隣り合う2辺の長さがそれぞれ Δw，Δh の微小な長方形ABCDを，辺AB，CDが境界に対して平行になるように設定する．長方形ABCDの周にそった磁場 $\boldsymbol{H}$ の循環 Γ を，ストークスの定理 (3.44) により長方形ABCDを縁とする面Sに関する面積積分に変換し，さらに真電流の電流密度 $\boldsymbol{j}_{\mathrm{t}} = 0$ より磁場の回転が $\boldsymbol{\nabla} \times \boldsymbol{H} = 0$ (6.38) となることを用いると

$$\Gamma = \oint_{\mathrm{ABCD}} \boldsymbol{H} \cdot \mathrm{d}\boldsymbol{l} = \int_{\mathrm{S}} \boldsymbol{\nabla} \times \boldsymbol{H} \cdot \boldsymbol{n} \, \mathrm{d}S = 0 \tag{6.43}$$

が導かれる．ここで磁場 $\boldsymbol{H}_1$，$\boldsymbol{H}_2$ の境界に対する右向きを正にとった接線成分をそれぞれ $H_{1\mathrm{t}}$，$H_{2\mathrm{t}}$ とおくと，長方形ABCDの高さ $\Delta h \to 0$ の極限をとって

$$\Gamma = H_{1\mathrm{t}} \Delta w - H_{2\mathrm{t}} \Delta w = (H_{1\mathrm{t}} - H_{2\mathrm{t}}) \Delta w = 0$$

を得る．これより

$$H_{1\mathrm{t}} = H_{2\mathrm{t}} \tag{6.44}$$

が導かれる．すなわち，**図6.15**に示すように，物質の境界面において磁場の接線成分は連続することがわかる．

6.4.2 磁束密度に対する境界条件

磁束密度 $\boldsymbol{B}$ の閉曲面Sに関する表面積分に対しては常に式 (5.4)

$$\int_{\mathrm{S}} \boldsymbol{B} \cdot \boldsymbol{n} \, \mathrm{d}S = 0$$

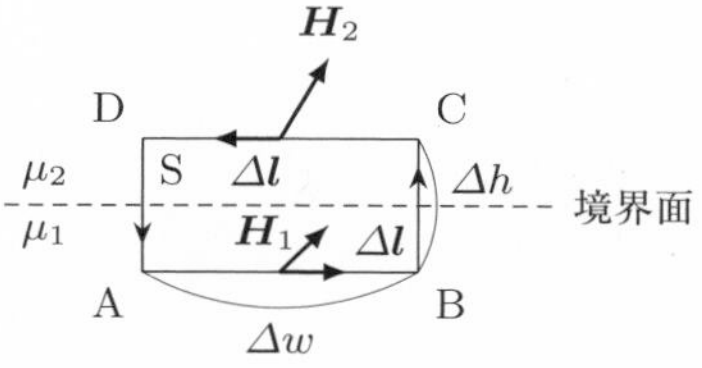

図 6.14　物質の境界面をまたぐように設定した閉経路

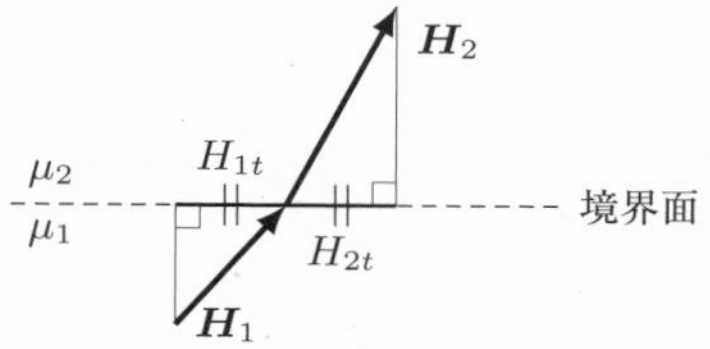

図 6.15　物質の境界面で磁場の接線成分は連続する

が成り立つので，**図6.16** のように，図4.18 と同様に設定した円柱を考え，高さ $\varDelta h \to 0$ の極限をとることにより

$$\int_{\mathrm{S}} \boldsymbol{B}\cdot\boldsymbol{n}\,\mathrm{d}S = B_{2\mathrm{n}}\varDelta S - B_{1\mathrm{n}}\varDelta S = (B_{2\mathrm{n}} - B_{1\mathrm{n}})\varDelta S = 0$$

を得る．ここで $B_{1\mathrm{n}}$，$B_{2\mathrm{n}}$ は上向きを正にとった境界面に対する $\boldsymbol{B}_1$，$\boldsymbol{B}_2$ の法線成分である．これより

$$B_{2\mathrm{n}} = B_{1\mathrm{n}} \tag{6.45}$$

が導かれる．すなわち，**図6.17** に示すように，物質の境界面において磁束密度の法線成分は連続することがわかる．

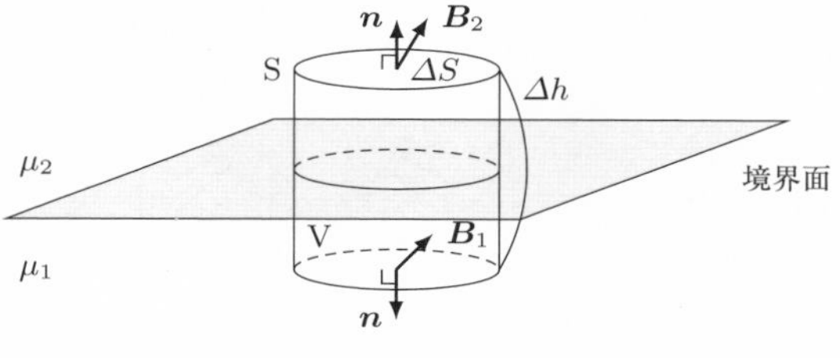

図 6.16　物質の境界面をはさむように設定した円柱

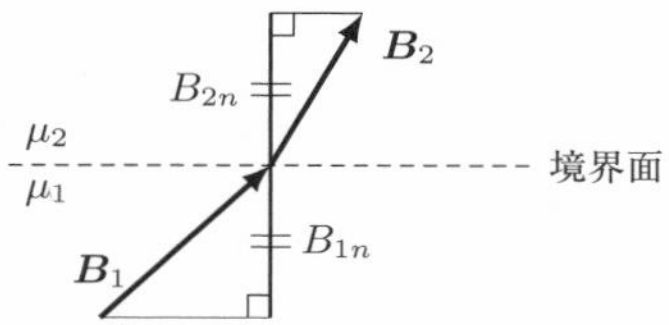

図 6.17　物質の境界面で磁束密度の法線成分は連続する

章末問題

6-1 以下の三角関数の θ に関する 0 から 2π までの積分がすべて 0 になることを示せ.

$$\cos^3\theta,\ \cos^2\theta\sin\theta,\ \cos\theta\sin^2\theta,\ \sin^3\theta$$

6-2 式 (6.16) のベクトルポテンシャルから式 (6.14) の磁束密度を導け.

6-3 磁気双極子が磁場から受ける力のモーメント (6.26) は，円電流の中心を原点として求めたものである．円電流の中心が原点にない一般の場合について求めた原点周りの力のモーメントが，磁気双極子全体を原点の周りに回転させる力のモーメントを除いて式 (6.26) と一致することを示せ.

6-4 円環に一様に巻きつけたコイルのことを**トロイダルコイル**とよぶ．図のように，透磁率 μ の鉄でできた中心軸の半径 a の円環に巻数 N のコイルが巻いてある．このトロイダルコイルに電流 I を流したときの円環の中心軸上の磁場を求めよ.

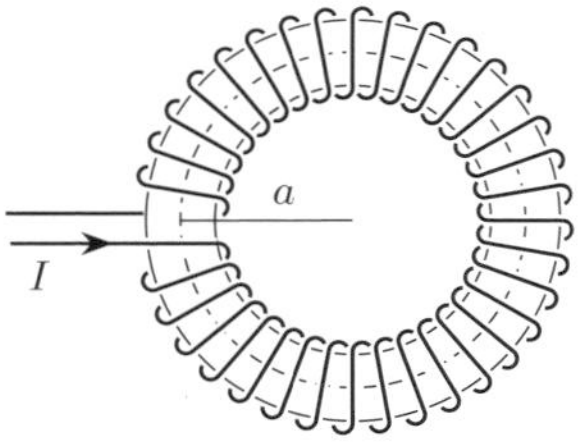

第7章 時間に依存した電磁場

場が時間に依存しない場合，電気に関する場と磁気に関する場は，それぞれ独立に扱うことが可能であった．本章では，場が時間に依存する場合について考える．このとき，電気に関する場と磁気に関する場は互いに関係し合うため双方を同時に取り扱う必要がある．なお，簡単のために本章では真空中の電磁場に関して議論する．

7.1 電磁誘導とファラデーの法則

真空中では，電束密度 $\boldsymbol{D}$ と磁場 $\boldsymbol{H}$ は $\boldsymbol{D} = \varepsilon_0 \boldsymbol{E}$ (3.5) および $\boldsymbol{H} = \boldsymbol{B}/\mu_0$ (6.40) の関係によって，それぞれ電場 $\boldsymbol{E}$ と磁束密度 $\boldsymbol{B}$ で置き換えられることができる．このとき，時間に関する偏微分を含むマクスウェル方程式 (1.13) と (1.15) は次のように表される．

時間微分を含むマクスウェル方程式

$$\nabla \times \boldsymbol{E} = -\frac{\partial \boldsymbol{B}}{\partial t}, \tag{7.1}$$

$$\nabla \times \boldsymbol{B} = \mu_0 \boldsymbol{j} + \varepsilon_0 \mu_0 \frac{\partial \boldsymbol{E}}{\partial t} \tag{7.2}$$

静的な場と異なり，電場 $\boldsymbol{E}$ と磁束密度 $\boldsymbol{B}$ が互いに関係していることがわかる．すなわち，式 (7.1) は磁束密度 $\boldsymbol{B}$ が時間的に変化すると，そこに電場 $\boldsymbol{E}$ が生じることを示している．このような電場を**誘導電場**という．一方，式 (7.2) からは電場 $\boldsymbol{E}$ が時間的に変化すると，そこに磁束密度 $\boldsymbol{B}$ が生じることがわかる．まずは誘導電場に関する議論からはじめよう．

7.1.1　磁束密度の時間変化に伴う誘導起電力

導線でできた閉じた経路を**閉回路**または単に**回路**とよぶ．回路の周りの磁場が時間的に変動したり，回路が磁場の中を移動したりすると式 (7.1) の左辺を満たすような誘導電場が発生し，その回路に電流を流そうとす起電力が生じる．この現象を**電磁誘導**という．

最初に，**図 7.1** のように回路 C が磁束密度 $\boldsymbol{B}$ の磁場の中に静止している場合を考える．ただし，磁束密度 $\boldsymbol{B}$ は時間や場所によって変化してもよい．回路 C を縁とする任意の局面を S，曲面 S 上の面積要素を $\boldsymbol{n}\Delta S$ として，式 (7.1) の両辺を曲面 S 上で積分すると

$$\int_{\mathrm{S}} \boldsymbol{\nabla} \times \boldsymbol{E} \cdot \boldsymbol{n}\,\mathrm{d}S = -\int_{\mathrm{S}} \frac{\partial \boldsymbol{B}}{\partial t} \cdot \boldsymbol{n}\,\mathrm{d}S \tag{7.3}$$

という関係式が得られる．式 (7.3) の左辺はストークスの定理 (3.44) を適用すると，回路 C 上の線要素を $\Delta\boldsymbol{l}$ として

$$\int_{\mathrm{S}} \boldsymbol{\nabla} \times \boldsymbol{E} \cdot \boldsymbol{n}\,\mathrm{d}S = \oint_{\mathrm{C}} \boldsymbol{E} \cdot \mathrm{d}\boldsymbol{l} \tag{7.4}$$

のように，回路 C にそった周回積分に置き換えることができる．回路 C の中にある電荷には誘導電場 $\boldsymbol{E}$ から単位電荷あたり $\boldsymbol{E}$ の力が加わるので，式 (7.4) の右辺は，単位電荷が誘導電場 $\boldsymbol{E}$ から受ける力を回路 C にそって積分したものになる．これを**誘導起電力**という．誘導起電力は電池の起電力と同じように，回路内に電流を流そうとするはたらきをもっていることがわかるであろう．本書では誘導起電力を記号 V^{e} で表す．すなわち

$$V^{\mathrm{e}} = \oint_{\mathrm{C}} \boldsymbol{E} \cdot \mathrm{d}\boldsymbol{l} \tag{7.5}$$

である．誘導起電力の単位は電位や電圧と同じボルト [V] であり，また誘導起電力は単位電荷が回路 C にそって 1 周する間に電場からなされる仕事に等しい．

一方，式 (7.3) の右辺において微分と積分の順序を交換し，左辺を誘導起電力 V^{e} で表すと，磁束密度の時間変化に伴って現れる誘導起電力に対する表式

$$V^{\mathrm{e}} = -\frac{\partial}{\partial t}\int_{\mathrm{S}} \boldsymbol{B} \cdot \boldsymbol{n}\,\mathrm{d}S \tag{7.6}$$

を得る．右辺の積分

$$\Phi = \int_{\mathrm{S}} \boldsymbol{B} \cdot \boldsymbol{n}\,\mathrm{d}S \tag{7.7}$$

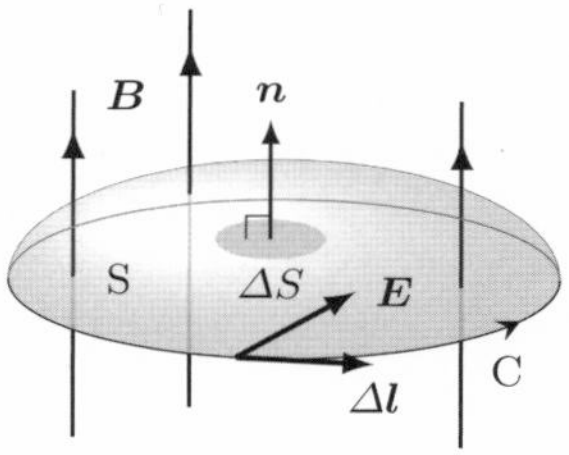

図 7.1　磁束密度 $\boldsymbol{B}$ の磁場の中に静止した回路 C

は回路 C を縁とする曲面 S を貫く磁束密度 $\boldsymbol{B}$ の法線成分を積分したものであり，曲面 S を貫く磁束線の数を表す．この $\varPhi$ を曲面 S を貫く**磁束**とよび，その単位は [Wb]（ウェーバー）である．磁束密度の単位が [T]（テスラ）なので，[T]=[Wb/m^2] の関係があることがわかる．

回路が静止している場合，曲面 S は時間的に変化しないので，式 (7.6) の偏微分を全微分に置き換えることができ，磁束密度の時間変化に伴う誘導起電力として

$$V^{\mathrm{e}} = -\frac{\mathrm{d}\varPhi}{\mathrm{d}t} \tag{7.8}$$

を得る．

7.1.2　動いている回路に生じる誘導起電力

次に回路が磁場の中を運動している場合を考える．このとき，回路全体または回路の一部の運動に伴って回路内の電荷にローレンツ力がはたらき，回路内に電流内に電流が流れる．磁束密度は時間的に変化しないとして，この場合の誘導起電力を計算してみよう．

図 7.2 のように，回路 C 上の線要素 $\boldsymbol{\Delta l}$ の移動速度を $\boldsymbol{v}$ とする．このとき，線要素の位置にある単位電荷に加わるローレンツ力は式 (1.18) において $\boldsymbol{E}=0$ として $\boldsymbol{v}\times\boldsymbol{B}$ と表されるので，この力を回路 C 全体で積分すれば誘導起電力が得られる．すなわち

$$V^{\mathrm{e}} = \oint_{\mathrm{C}} (\boldsymbol{v}\times\boldsymbol{B})\cdot\mathrm{d}\boldsymbol{l} \tag{7.9}$$

である．ここでベクトル解析の公式

$$\boldsymbol{\alpha}\cdot(\boldsymbol{\beta}\times\boldsymbol{\gamma}) = (\boldsymbol{\alpha}\times\boldsymbol{\beta})\cdot\boldsymbol{\gamma} \tag{7.10}$$

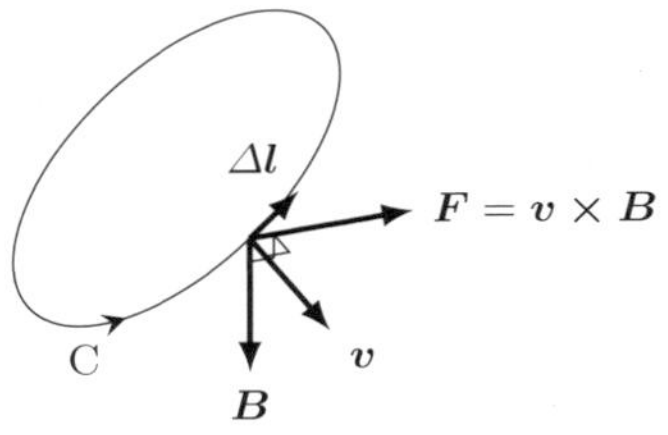

図 7.2　回路 C 内の単位電荷に加わるローレンツ力

を用いると，式 (7.9) 右辺の積分の中身は

$$(\boldsymbol{v} \times \boldsymbol{B}) \cdot \Delta \boldsymbol{l} = -\boldsymbol{B} \cdot (\boldsymbol{v} \times \Delta \boldsymbol{l}) \tag{7.11}$$

と変形できるので

$$V^{\mathrm{e}} = -\oint_{\mathrm{C}} \boldsymbol{B} \cdot (\boldsymbol{v} \times \mathrm{d}\boldsymbol{l}) \tag{7.12}$$

となる．

◆ **練習問題** 7.1　ベクトル解析の公式 (7.10) を証明せよ．

式 (7.12) が式 (7.8) と同じ表式を与えることを示そう．線要素 $\Delta \boldsymbol{l}$ の移動速度が $\boldsymbol{v}$ がなので，線要素は微小時間 Δt の間に $\boldsymbol{v}\Delta t$ だけ移動する．このとき回路全体が**図 7.3** のように，C から C$'$ まで移動したとしよう．閉曲線 C，C$'$ を縁とする曲面をそれぞれ S，S$'$ とおき，曲面 S，S$'$ で上下にはさまれた筒状の閉じた領域を V とする．式 (5.4) より閉じた領域の表面に対して，磁束密度の法線成分を積分したものは 0 になる．すなわち

$$\int_{\mathrm{V}\ \text{の表面}} \boldsymbol{B}\cdot\boldsymbol{n}\,\mathrm{d}S = \int_{\mathrm{S}} \boldsymbol{B}\cdot\boldsymbol{n}\,\mathrm{d}S - \int_{\mathrm{S}'} \boldsymbol{B}\cdot\boldsymbol{n}\,\mathrm{d}S + \int_{\mathrm{V}\ \text{の側面}} \boldsymbol{B}\cdot\boldsymbol{n}\,\mathrm{d}S = 0 \tag{7.13}$$

が成り立つ．ここで，S$'$ に関する積分の項に負号が付いているのは，回路 C$'$ の向きに応じた曲面 S$'$ の法線ベクトルが領域 V に対して内向きになるからである．ここで回路 C，C$'$ を貫く磁束をそれぞれ $\varPhi$，$\varPhi'$ とおくと

$$\varPhi = \int_{\mathrm{S}} \boldsymbol{B} \cdot \boldsymbol{n}\,\mathrm{d}S, \quad \varPhi' = \int_{\mathrm{S}'} \boldsymbol{B} \cdot \boldsymbol{n}\,\mathrm{d}S$$

であるから，回路を貫く磁束の微小時間 Δt の間の変化量を $\Delta\varPhi$ とおくと，

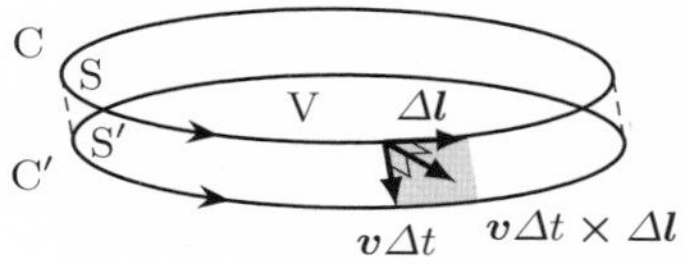

図 7.3　磁場の中を運動する回路

式 (7.13) より

$$\Delta\Phi = \Phi' - \Phi = \int_{\mathrm{V}\ の側面} \boldsymbol{B} \cdot \boldsymbol{n}\, \mathrm{d}S \tag{7.14}$$

により与えられる．

ところで，線要素 $\Delta\boldsymbol{l}$ とその変異 $\boldsymbol{v}\Delta t$ との外積 $\boldsymbol{v}\Delta t \times \Delta\boldsymbol{l}$ は，**2.1.2 項** で示したように $\Delta\boldsymbol{l}$ と $\boldsymbol{v}\Delta t$ が作る微小な平行四辺形に垂直で，その大きさが平行四辺形の面積（図7.3の網掛け部分）に等しいベクトルである．すなわち，領域Vの側面における面積要素 $\boldsymbol{n}\Delta S$ と置き換えることができる．よって式 (7.14) より

$$\Delta\Phi = \oint_{\mathrm{C}} \boldsymbol{B} \cdot (\boldsymbol{v}\Delta t \times \mathrm{d}\boldsymbol{l}) = \Delta t \oint_{\mathrm{C}} \boldsymbol{B} \cdot (\boldsymbol{v} \times \mathrm{d}\boldsymbol{l}) \tag{7.15}$$

を得る．なお，積分変数が微小面積 ΔS から線要素 $\Delta\boldsymbol{l}$ に置き換わっているので，積分は回路Cの周回積分となっている．式 (7.15) において $\Delta t \to 0$ の極限をとって

$$\oint_{\mathrm{C}} \boldsymbol{B} \cdot (\boldsymbol{v} \times \mathrm{d}\boldsymbol{l}) = \frac{\Delta\Phi}{\Delta t} \to \frac{\mathrm{d}\Phi}{\mathrm{d}t}$$

が得られるので，式 (7.12) よりローレンツ力による誘導起電力として，式 (7.8) と同じ表式

$$V^{\mathrm{e}} = -\frac{\mathrm{d}\Phi}{\mathrm{d}t} \tag{7.16}$$

を得る．

7.1.3　ファラデーの法則

磁束密度が時間的に変化し，かつ回路が磁場の中を動いている場合は，回路に生じる誘導起電力は磁束密度の時間変化による誘導起電力 (7.5) とローレンツ力による誘導起電力 (7.9) の和として

$$V^{\mathrm{e}} = -\frac{\partial}{\partial t} \int_{\mathrm{S}} \boldsymbol{B} \cdot \boldsymbol{n}\, \mathrm{d}S + \oint_{\mathrm{C}} (\boldsymbol{v} \times \boldsymbol{B}) \cdot \mathrm{d}\boldsymbol{l}$$

により与えられる．右辺の各項は同じ形の式 (7.8) および (7.16) で表されるので，両者の和も同様に

$$V^{\mathrm{e}} = -\left(\frac{\mathrm{d}\Phi}{\mathrm{d}t}\right)^{\boldsymbol{B}\text{ の時間変化}} - \left(\frac{\mathrm{d}\Phi}{\mathrm{d}t}\right)^{\text{回路の運動}} = -\frac{\mathrm{d}\Phi}{\mathrm{d}t}$$

と表される．以上をまとめて電磁誘導に関する次の**ファラデーの法則**[*1]を得る．

ファラデーの法則

$$V^{\mathrm{e}} = -\frac{\mathrm{d}\Phi}{\mathrm{d}t} \tag{7.17}$$

ここで V^{e} は回路に生じる誘導起電力，Φ は回路を縁とする曲面 S を貫く磁束

$$\Phi = \int_{\mathrm{S}} \boldsymbol{B}\cdot\boldsymbol{n}\,\mathrm{d}S$$

である．

レンツの法則

磁束密度 $\boldsymbol{B}$ によって回路に誘導される誘導起電力の向きは，式 (7.17) において $\dfrac{\mathrm{d}\Phi}{\mathrm{d}t} < 0$ の場合，すなわち回路 C を貫く磁束が時間によって減少する場合は $V^{\mathrm{e}} > 0$ となるので回路 C の向きと同じ向きであり，$\dfrac{\mathrm{d}\Phi}{\mathrm{d}t} > 0$ の場合はその逆となる．また誘導起電力によって回路に誘導電流が流れると，アンペールの法則 (5.19) から導かれる新たな磁束密度が電流を取り囲むように発生する．その向きは**図 7.4** に示すように，誘導起電力の向きを軸とした右回りとなる．いずれの場合も，誘導起電力は**回路を貫く磁束の変化を妨げる向きに生ずる**ことを示している．これを**レンツの法則**という．

7.2　変位電流

時間微分を含むマクスウェル方程式の 2 番目の式 (7.2) の考察に移ろう．式 (7.2) の右辺を μ_0 でくくって

$$\mu_0\left(\boldsymbol{j} + \varepsilon_0\frac{\partial \boldsymbol{E}}{\partial t}\right)$$

[*1] **ファラデーの電磁誘導の法則**とよばれることもある．

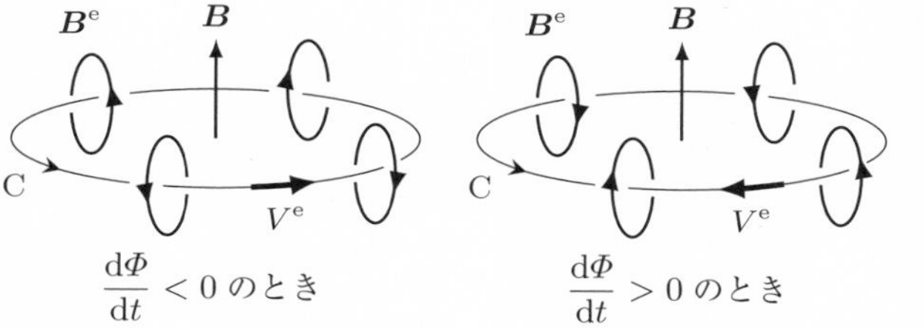

図 7.4　回路 C に生じる誘導起電力 V^{e} と，それによって新たに生じる磁束密度 $\boldsymbol{B}^{\mathrm{e}}$

と表してみると，静的な場のときに比べてカッコ内の第 2 項

$$\varepsilon_0 \frac{\partial \boldsymbol{E}}{\partial t} \tag{7.18}$$

が電流密度に加わっていることがわかる．この項がない静的な場の方程式 (5.3) からアンペールの法則 (5.19) が導かれたわけであるが，式 (7.18) で表される項はどのような役割をもっているのだろうか．**図 7.5** のように，導線に接続された平行平板キャパシターを用いてその役割ついて見てみよう．

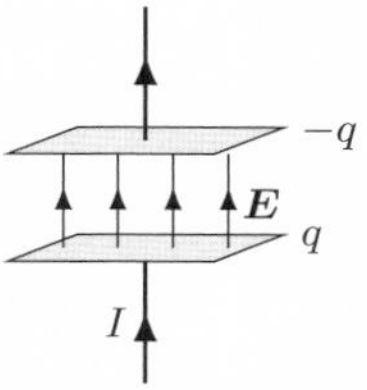

図 7.5　導線に接続された平行平板キャパシター

電流は単位時間に流れる電荷の量であるから，図 7.5 の下の極板に蓄えられている電荷を q とすると，導線上を上向きに流れる電流は

$$I = \frac{\mathrm{d}q}{\mathrm{d}t} \tag{7.19}$$

と表される．このとき，極板間には電荷 q および上の極板に現れる $-q$ の電荷により，電場 $\boldsymbol{E}$ が作られる．この平行平板キャパシターに対し，以下のような 2 通りの方法でアンペールの法則 (5.19) を適用しよう．

まず，**図 7.6** のように，下の導線を囲むように閉曲線 C をとり，最初に，閉曲線 C を縁とする曲面 S_1 を下の導線を横切るようにして設定する．このとき，

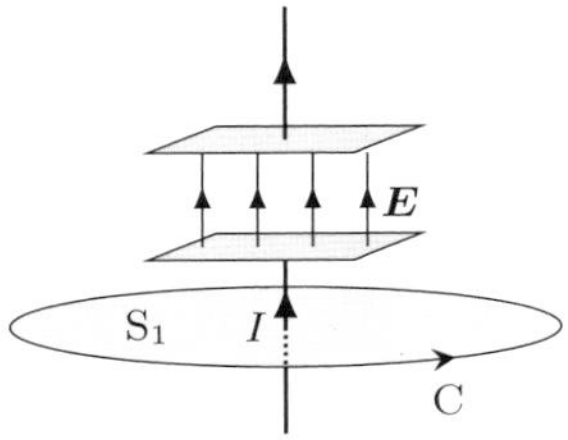

図 7.6 閉曲線 C を縁とした，導線を横切る曲面 S_1

曲面 S_1 を貫いて流れる電流は I なので，アンペールの法則 (5.19) により

$$\oint_{\mathrm{C}} \boldsymbol{B} \cdot \mathrm{d}\boldsymbol{l} = \mu_0 I \tag{7.20}$$

が成り立つ．

次に，同じ閉曲線 C に対して，C を縁とする曲面 S_2 を**図 7.7** のように極板間を通るように設定するとどうなるだろうか．このとき，曲面 S_2 を貫いて流れる電流はないので，式 (7.20) の右辺は 0 になり，任意に設定することのできる曲面の取り方によって結果が異なるという矛盾が生じてしまう．しかし，場が時間に依存する場合には式 (7.18) の項が存在するために，式 (7.20) の右辺は

$$\mu_0\varepsilon_0 \int_{\mathrm{S}_2} \frac{\partial \boldsymbol{E}}{\partial t} \cdot \boldsymbol{n}\,\mathrm{d}S = \mu_0\varepsilon_0 \frac{\mathrm{d}}{\mathrm{d}t} \int_{\mathrm{S}_2} \boldsymbol{E} \cdot \boldsymbol{n}\,\mathrm{d}S \tag{7.21}$$

となる．この値がどのように与えられるか計算しよう．

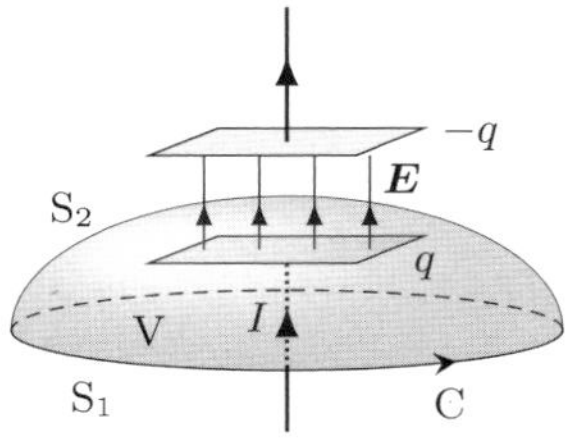

図 7.7 閉曲線 C を縁とした，極板間を通る曲面 S_2

図 7.6 で設定した曲面 S_1 と曲面 S_2 で囲まれた閉じた領域を V とおき，領域 V に対してガウスの法則 (3.16) を適用する．曲面 S_1 の位置には電場は存在し

ないので，曲面 S_1 上の電場の積分は 0 となり，また，領域 V 内の電荷は q なのでガウスの法則 (3.16) により

$$\int_{S_1+S_2} \boldsymbol{E}\cdot\boldsymbol{n}\,\mathrm{d}S = \int_{S_1} \boldsymbol{E}\cdot\boldsymbol{n}\,\mathrm{d}S + \int_{S_2} \boldsymbol{E}\cdot\boldsymbol{n}\,\mathrm{d}S = \int_{S_2} \boldsymbol{E}\cdot\boldsymbol{n}\,\mathrm{d}S = \frac{q}{\varepsilon_0}$$

となる．これを式 (7.21) に代入して，式 (7.19) により電流 I で表せば，再び式 (7.20) の右辺と等しい値が得られる．

以上の議論から式 (7.18) の $\varepsilon_0\,\partial\boldsymbol{E}/\partial t$ は，磁場の生成において電流密度と同じ役割をもっていることがわかる．これを**変位電流**とよぶ．なお，誘電体が存在するような一般の場合の変位電流は $\partial\boldsymbol{D}/\partial t$ で表される．

7.3 インダクタンス

7.3.1 自己誘導と自己インダクタンス

導線が環状に巻かれたものを**コイル**という．コイルに電流を流すとその周りにはビオ・サバールの法則 (5.37) に従って磁束密度が生じ，**図 7.8** に示されるようにその磁束密度はコイル自身を貫くことになる．コイルの周りに生じる磁束密度の大きさはいたるところ，コイルに流れる電流に比例するので，コイルに流れる電流を I，コイルを貫く磁束を Φ とすると，比例係数を L として

$$\Phi = LI \tag{7.22}$$

と書けることがわかるだろう．このとき，電流 I が時間的に変化すると，ファラデーの法則 (7.17) に従い，誘導起電力

$$V^{\mathrm{e}} = -\frac{\mathrm{d}\Phi}{\mathrm{d}t} = -L\frac{\mathrm{d}I}{\mathrm{d}t} \tag{7.23}$$

が発生する．この現象を**自己誘導**，比例係数 L を**自己インダクタンス**とよぶ．自己インダクタンスはコイルの形状によって決まる量で，その単位は H（ヘンリー）が用いられる[*2]．

例 7.1 ソレノイドの自己インダクタンス

単位長さあたりの巻き数が n で，長さ l，断面積 S のソレノイド (図 5.18) に電流

[*2] 式 (7.22) および式 (7.23) から，単位間の関係として H=Wb/A=V·s/A を得る．

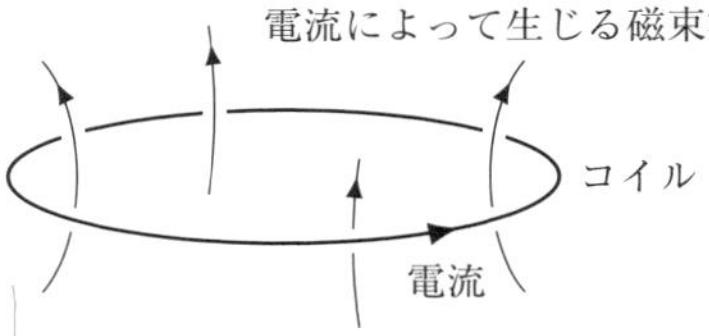

図 7.8 コイルに流れる電流によって生じる磁束密度

I を流すと，ソレノイドの内部には式 (5.49) より一様な磁束密度 $\mu_0 nI$ が生じる．よってソレノイドにはコイル 1 巻きあたり $\mu_0 nIS$ の磁束が貫くことになり，ソレノイド全体を貫く磁束は巻数の合計 nl を乗じて $\Phi = \mu_0 nIS \times nl = \mu_0 n^2 IlS$ となる．このソレノイドの自己インダクタンスを L とすれば，式 (7.22) より $L = \Phi/I$ であるから

$$L = \mu_0 n^2 lS \tag{7.24}$$

を得る．

7.3.2 相互誘導と相互インダクタンス

今度は**図 7.9** に示すように，隣接した位置に 2 つのコイル C_1 と C_2 がある場合を考えよう．コイル C_1 に電流 I_1 を流すとそれによって生じる磁束密度はコイル C_2 を貫くことになるので，自己誘導の場合と同様の議論からコイル C_2 を貫く磁束 Φ_2 は，比例係数を M_{21} として

$$\Phi_2 = M_{21} I_1 \tag{7.25}$$

と書くことができる．このとき，電流 I_1 が時間的に変化すると，ファラデーの法則 (7.17) に従い，コイル C_2 に誘導起電力

$$V_2^{\mathrm{e}} = -\frac{\mathrm{d}\Phi_2}{\mathrm{d}t} = -M_{21}\frac{\mathrm{d}I_1}{\mathrm{d}t} \tag{7.26}$$

が発生する．この現象を**相互誘導**とよぶ．

一方，コイル C_2 に電流 I_2 を流した場合は，比例係数を M_{12} としてコイル C_1 を

$$\Phi_1 = M_{12} I_2 \tag{7.27}$$

で表される磁束 Φ_1 が貫くので，電流 I_2 が時間的に変化するとコイル C_1 に誘

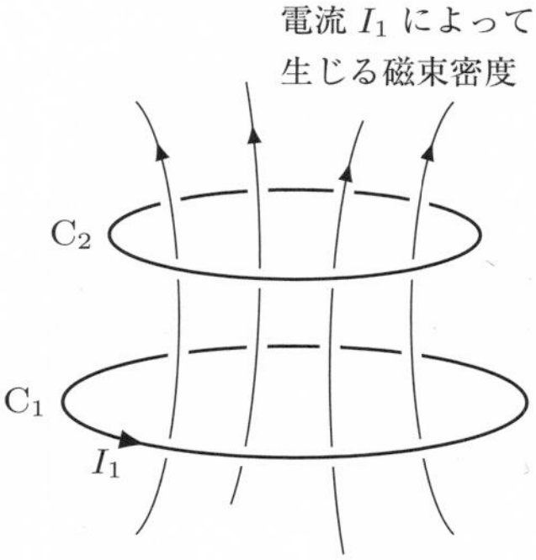

図 7.9　隣接して置かれた 2 つのコイル C_1 と C_2

導起電力

$$V_1^{\mathrm{e}} = -\frac{\mathrm{d}\Phi_1}{\mathrm{d}t} = -M_{12}\frac{\mathrm{d}I_2}{\mathrm{d}t} \tag{7.28}$$

が発生する．

ここで，式 (7.25) と式 (7.27) に含まれる比例係数 M_{21} と M_{12} の関係について見てみよう．

式 (7.25) の磁束 Φ_2 は，磁束密度 $\boldsymbol{B}$ をコイル C_2 を縁とする曲面 S_2 上で積分すれば得られるので，

$$\Phi_2 = \int_{S_2} \boldsymbol{B}\cdot\boldsymbol{n}\,\mathrm{d}S \tag{7.29}$$

と書ける．磁束密度 $\boldsymbol{B}$ を，式 (5.21) によってベクトルポテンシャル $\boldsymbol{A}$ で表し，ストークスの定理 (3.44) を用いると，式 (7.29) は

$$\Phi_2 = \int_{S_2} \boldsymbol{\nabla}\times\boldsymbol{A}\cdot\boldsymbol{n}\,\mathrm{d}S = \oint_{C_2} \boldsymbol{A}\cdot\mathrm{d}\boldsymbol{l}_2 \tag{7.30}$$

のように，コイル C_2 に沿ったベクトルポテンシャル $\boldsymbol{A}$ の循環を用いて表すことができる．ここで $\Delta\boldsymbol{l}_2$ はコイル C_2 上の線要素である（**図 7.10**）．式 (7.30) 中のベクトルポテンシャル $\boldsymbol{A}$ はコイル C_1 に流れる電流 I_1 によって作られたものなので，コイル C_1 にそった線要素を $\Delta\boldsymbol{l}_1$，コイル C_1 上の位置を $\boldsymbol{r}_1$ とおくと，式 (5.28) より

$$\boldsymbol{A}(\boldsymbol{r}) = \frac{\mu_0 I_1}{4\pi}\oint_{C_1}\frac{\mathrm{d}\boldsymbol{l}_1}{|\boldsymbol{r}-\boldsymbol{r}_1|}$$

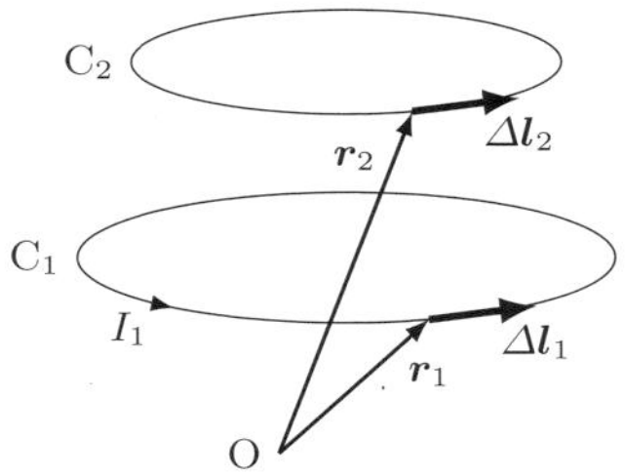

図 7.10 2つのコイル C_1，C_2 とそれぞれの線要素

により与えられる．これを式 (7.30) に代入して式 (7.25) と比較すると，電流 I_1 に掛かる比例係数として

$$M_{21} = \frac{\mu_0}{4\pi} \oint_{C_2} \oint_{C_1} \frac{d\boldsymbol{l}_1 \cdot d\boldsymbol{l}_2}{|\boldsymbol{r}_2 - \boldsymbol{r}_1|} \tag{7.31}$$

を得る．式 (7.31) より，M_{21} は2つのコイルの形状と相対的な位置関係のみで決まる量であり，また添字の1と2を交換しても式 (7.31) の右辺は不変であることから $M_{21} = M_{12}$ であることがわかる．この比例係数 $M = M_{21} = M_{12}$ を**相互インダクタンス**[*3]という．

7.3.3 コイルがもつエネルギー

図 7.11 のように，自己インダクタンス L のコイルに電流源を接続し，電流0の状態から I まで徐々に増やしていくことを考えよう．コイルに流れる電流 I が時間的に変化するとき，コイルには自己誘導によって誘導起電力 (7.23)

$$V^{\mathrm{e}} = -L\frac{dI}{dt}$$

が発生する．この誘導起電力に逆らって電流 I を流すためには電位差 V^{e} の間を単位時間あたり I の電荷を運ぶ必要があるので，電流源は単位時間あたり

$$I|V^{\mathrm{e}}| = LI\frac{dI}{dt} \tag{7.32}$$

の仕事をする必要がある．この仕事がコイルにエネルギーとして蓄えられるので，コイルのもつエネルギーを U とおくと式 (7.32) は U の単位時間あたりの

[*3] 相互インダクタンスの単位は自己インダクタンスと同じ H（ヘンリー）である．

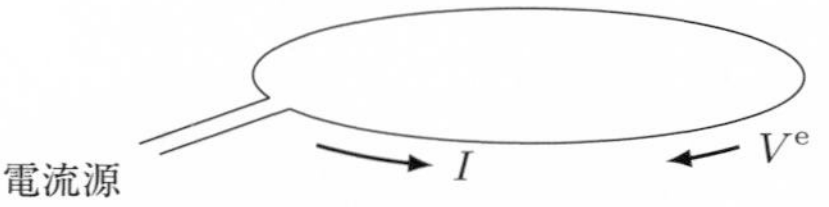

図 7.11　電流源を接続したコイル

増加量を表していることになる．よって

$$\frac{\mathrm{d}U}{\mathrm{d}t} = LI\frac{\mathrm{d}I}{\mathrm{d}t}$$

が成り立つので，両辺を時刻 t で積分することにより

$$U = \int LI\frac{\mathrm{d}I}{\mathrm{d}t}\,\mathrm{d}t = L\int_0^I I\,\mathrm{d}I = \frac{1}{2}LI^2$$

を得る．

コイルがもつエネルギー

$$U = \frac{1}{2}LI^2 \tag{7.33}$$

7.4　磁場のエネルギー密度

単位長さあたりの巻き数が n で，長さ l，断面積 S のソレノイド（図5.18）は式 (7.24) で表される自己インダクタンス $L = \mu_0 n^2 lS$ をもつ．よって，このソレノイドに電流 I を流すと，式 (7.33) より

$$U = \frac{1}{2}\mu_0 n^2 lSI^2 \tag{7.34}$$

のエネルギーが蓄えられる．このエネルギーがソレノイドの中にどのように分布しているのかに関して，**3.9 節**におけるキャパシターがもつエネルギーの場合と同様の議論の進め方により考察しよう．

ソレノイドはもともとコイルが積み重なった構造をしているので，中心軸方向に関する分割は自然に行うことができる．また，ソレノイドがもつエネルギー (7.34) はソレノイドの長さ l に比例しているので，**図 7.12** のようにソレノイドを k 分割したとすると，分割したそれぞれのソレノイドが全体のエネルギーの $1/k$ を担うことになるということは容易に理解できるだろう．

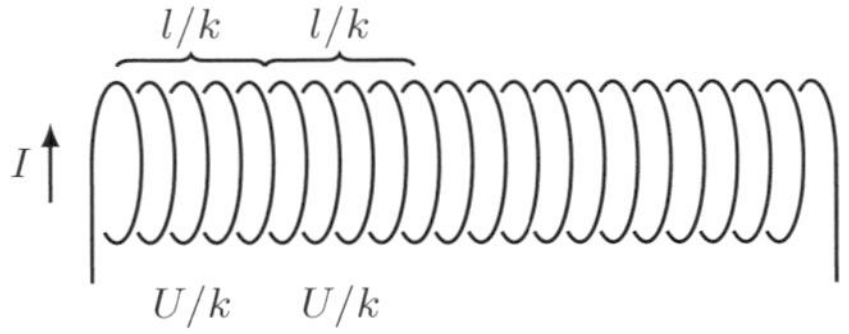

図 7.12　長軸方向に k 分割したソレノイドの各部分は全体のエネルギーの $1/k$ を担う

それでは，直径方向の分割についてはどうだろうか．**図7.13** に示すように，ソレノイドを単位長さあたりの巻き数は同じ n で，断面積のより小さい仮想的なソレノイドに分割することを考える．これら仮想的なすべてのソレノイドに同じ向きに電流 I を流したとすると，隣接するソレノイドの接触部分における電流は互いに逆向きになるのでそれらはすべて打ち消し合い，外周を流れる電流だけが残って元のソレノイドが再現されることになる．

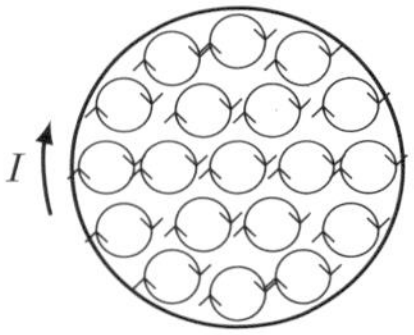

図 7.13　ソレノイドを，断面積の小さい仮想的なソレノイドに分割する

また，式 (5.49) で与えられるソレノイド内部の磁束密度はソレノイドの断面積や長さに依存しないため，これら小さなソレノイドの内部の磁束密度はすべて元のソレノイドの磁束密度と等しく $\mu_0 nI$ となるだろう．一方，ソレノイドがもつエネルギー (7.34) はソレノイドの断面積に比例するので，分割数を k とすれば，中心軸方向の分割の場合と同様にそれぞれの小さなソレノイドが全体のエネルギーの $1/k$ をもっていると解釈することができる．

以上の考察から，ソレノイドは多数の微小なソレノイドの集まりと等価であり，それぞれの微小なソレノイドが全体のエネルギーの一部を担っていると考えることができる．ここで微小なソレノイドの断面積と長さをそれぞれ ΔS，Δl とおくと，微小なソレノイドの自己インダクタンスは式 (7.24) より $\mu_0 n^2 \Delta l \Delta S$ と表されるので，微小なソレノイドがもつエネルギー ΔU は式 (7.33) およびソレノイド内部の磁束密度 $B = \mu_0 nI$ を用いて

$$\Delta U = \frac{1}{2}\mu_0 n^2 \Delta l \Delta S I^2 = \frac{1}{2\mu_0} B^2 \Delta l \Delta S$$

と表される．両辺を微小なソレノイドの体積 $\Delta l \Delta S$ で割ることにより，磁場のエネルギー密度に対する次の表式を得る．

磁場のエネルギー密度

$$u_m = \frac{B^2}{2\mu_0} \tag{7.35}$$

7.5 電磁場のエネルギー密度とポインティングベクトル

ここで，後の都合のために，真空の誘電率 ε_0 と透磁率 μ_0 の積を新たな記号 c を用いて

$$\mu_0 \varepsilon_0 = \frac{1}{c^2} \tag{7.36}$$

と表すことにする[*4]．

われわれは平行平板キャパシターとソレノイドを用いた議論により，それぞれ電場のエネルギー密度 (3.59) と磁場のエネルギー密度 (7.35) を求めた．電場と磁場が両方存在する場合のエネルギー密度はそれらの和として次のように表される．

電磁場のエネルギー密度

$$u = \frac{\varepsilon_0}{2}\left(E^2 + c^2 B^2\right) \tag{7.37}$$

式 (7.37) において $E^2 = \boldsymbol{E}\cdot\boldsymbol{E}$，および $B^2 = \boldsymbol{B}\cdot\boldsymbol{B}$ であるることに留意して式 (7.37) の時刻 t に関する偏微分を計算すると

$$\frac{\partial u}{\partial t} = \varepsilon_0 \left(\boldsymbol{E}\cdot\frac{\partial \boldsymbol{E}}{\partial t} + c^2 \boldsymbol{B}\cdot\frac{\partial \boldsymbol{B}}{\partial t} \right) \tag{7.38}$$

となる．ここでは簡単のために電流密度 $\boldsymbol{j} = 0$ の場合を考え，時間に依存したマクスウェル方程式 (7.1) および (7.2) を用いて，電場 $\boldsymbol{E}$ および磁束密度 $\boldsymbol{B}$ の時間微分を

[*4] 後に c が真空中の光速 $c = 2.99792458 \times 10^8$ m/s であることが示される．

$$\frac{\partial \boldsymbol{E}}{\partial t} = c^2 \boldsymbol{\nabla} \times \boldsymbol{B},$$
$$\frac{\partial \boldsymbol{B}}{\partial t} = -\boldsymbol{\nabla} \times \boldsymbol{E}$$

で置き換えると，式 (7.38) は

$$\frac{\partial u}{\partial t} = \varepsilon_0 c^2 \{\boldsymbol{E} \cdot (\boldsymbol{\nabla} \times \boldsymbol{B}) - \boldsymbol{B} \cdot (\boldsymbol{\nabla} \times \boldsymbol{E})\} \tag{7.39}$$

と表される．ここでベクトル解析の公式

$$\boldsymbol{\nabla} \cdot (\boldsymbol{\alpha} \times \boldsymbol{\beta}) = \boldsymbol{\beta} \cdot (\boldsymbol{\nabla} \times \boldsymbol{\alpha}) - \boldsymbol{\alpha} \cdot (\boldsymbol{\nabla} \times \boldsymbol{\beta}) \tag{7.40}$$

を用いると，式 (7.39) 右辺の中括弧の中は

$$\boldsymbol{E} \cdot (\boldsymbol{\nabla} \times \boldsymbol{B}) - \boldsymbol{B} \cdot (\boldsymbol{\nabla} \times \boldsymbol{E}) = \boldsymbol{\nabla} \cdot (\boldsymbol{B} \times \boldsymbol{E}) = -\boldsymbol{\nabla} \cdot (\boldsymbol{E} \times \boldsymbol{B})$$

と書き換えられるので，式 (7.39) に代入して

$$\frac{\partial u}{\partial t} + \varepsilon_0 c^2 \boldsymbol{\nabla} \cdot (\boldsymbol{E} \times \boldsymbol{B}) = 0 \tag{7.41}$$

を得る．

ここで**ポインティングベクトル**とよばれる新しいベクトル場

$$\boldsymbol{S} = \varepsilon_0 c^2 \boldsymbol{E} \times \boldsymbol{B} \tag{7.42}$$

を導入すると，式 (7.41) は

$$\frac{\partial u}{\partial t} + \boldsymbol{\nabla} \cdot \boldsymbol{S} = 0 \tag{7.43}$$

と書ける．この形の方程式は，すでに電荷と電流の連続方程式 (5.11) で取り扱った．そこでの電荷密度 ρ を電磁場のエネルギー密度 u に，電流密度 $\boldsymbol{j}$ をポインティングベクトル $\boldsymbol{S}$ に置き換えると式 (7.43) が得られる．電流密度 $\boldsymbol{j}$ が，単位時間あたりに単位面積を通過する電荷量であることから類推すると，ポインティグベクトル $\boldsymbol{S}$ は単位時間あたりに単位面積を通して流れるエネルギーであると解釈できることがわかるだろう．

♦ **練習問題** 7.2　ベクトル解析の公式 (7.40) を証明せよ．

7.6 マクスウェル方程式のポテンシャルによる表現

ここからは，誘電体や磁性体が存在しない真空の場合について考える．真空中では電束密度 $\boldsymbol{D}$ と磁場 $\boldsymbol{H}$ はそれぞれ $\boldsymbol{D} = \varepsilon_0 \boldsymbol{E}$ (3.5)，$\boldsymbol{H} = \boldsymbol{B}/\mu_0$ (5.1) によって電場 $\boldsymbol{E}$ と磁束密度 $\boldsymbol{B}$ で置き換えることができる．さらに，式 (7.36) の置き換えを用いると，マクスウェル方程式 (1.12)〜(1.15) は次のように書くことができる．

真空中のマクスウェル方程式

$$\boldsymbol{\nabla} \cdot \boldsymbol{E} = \frac{\rho}{\varepsilon_0} \tag{7.44}$$

$$\boldsymbol{\nabla} \times \boldsymbol{E} = -\frac{\partial \boldsymbol{B}}{\partial t} \tag{7.45}$$

$$\boldsymbol{\nabla} \cdot \boldsymbol{B} = 0 \tag{7.46}$$

$$\boldsymbol{\nabla} \times \boldsymbol{B} = \mu_0 \boldsymbol{j} + \frac{1}{c^2}\frac{\partial \boldsymbol{E}}{\partial t} \tag{7.47}$$

7.6.1 時間に依存する場のポテンシャルによる表現

静電場 $\boldsymbol{E}$ は，その発散が 0，すなわち $\boldsymbol{\nabla} \times \boldsymbol{E} = 0$ (3.7) を満たすことから，スカラーポテンシャル ϕ を用いて $\boldsymbol{E} = -\boldsymbol{\nabla}\phi$ (3.29) と表すことができることを 3.5 節で示した．しかし，この表現は時間に依存する場のマクスウェル方程式 (7.45) を満たさないので，修正が必要となる．どのように修正すればよいのか検討しよう．

磁束密度 $\boldsymbol{B}$ の発散に対する式 (7.46) は時間に依存する場合にも成り立つので，ベクトルポテンシャル $\boldsymbol{A}$ による磁束密度 $\boldsymbol{B}$ の表現 $\boldsymbol{B} = \boldsymbol{\nabla} \times \boldsymbol{A}$ (5.21) はそのまま用いることができる．よって式 (7.45) に代入して，微分の順序を入れ替えると

$$\boldsymbol{\nabla} \times \boldsymbol{E} = -\frac{\partial}{\partial t}\boldsymbol{\nabla} \times \boldsymbol{A} = -\boldsymbol{\nabla} \times \frac{\partial \boldsymbol{A}}{\partial t}$$

となるので，これより

$$\boldsymbol{\nabla} \times \left(\boldsymbol{E} + \frac{\partial \boldsymbol{A}}{\partial t}\right) = 0$$

を得る．よって，静電場 $\boldsymbol{E}$ の代わりに，上の式の括弧の中の量をスカラーポテンシャル ϕ の負の勾配を用いて

$$\boldsymbol{E}+\frac{\partial \boldsymbol{A}}{\partial t}=-\boldsymbol{\nabla}\phi$$

とすればよい．すなわち，時間に依存する場の場合は

$$\boldsymbol{E}=-\boldsymbol{\nabla}\phi-\frac{\partial \boldsymbol{A}}{\partial t}$$

と表すことができる．以上をまとめると次のようになる．

時間に依存する場のポテンシャルによる表現

$$\boldsymbol{B}=\boldsymbol{\nabla}\times\boldsymbol{A} \tag{7.48}$$

$$\boldsymbol{E}=-\boldsymbol{\nabla}\phi-\frac{\partial \boldsymbol{A}}{\partial t} \tag{7.49}$$

7.6.2 ポテンシャルが満たす方程式

式 (7.48) および (7.49) は 4 本のマクスウェル方程式の内，式 (7.45) および (7.46) を自動的に満たすので，後は式 (7.44) および (7.47) を満たすようにスカラーポテンシャル ϕ とベクトルポテンシャル $\boldsymbol{A}$ を求めればマクスウェル方程式が解けたことになる．

まず式 (7.49) を式 (7.44) に代入すると

$$\nabla^2\phi+\frac{\partial}{\partial t}(\boldsymbol{\nabla}\cdot\boldsymbol{A})=-\frac{\rho}{\varepsilon_0} \tag{7.50}$$

が得られる．続いて式 (7.48) および式 (7.49) を式 (7.47) に代入すると

$$\boldsymbol{\nabla}\times(\boldsymbol{\nabla}\times\boldsymbol{A})=\mu_0\boldsymbol{j}+\frac{1}{c^2}\frac{\partial}{\partial t}\left(-\boldsymbol{\nabla}\phi-\frac{\partial \boldsymbol{A}}{\partial t}\right)$$

となるが，左辺を恒等式 (5.24) を用いて展開して，式全体を整理すると

$$\nabla^2\boldsymbol{A}-\frac{1}{c^2}\frac{\partial^2\boldsymbol{A}}{\partial t^2}-\boldsymbol{\nabla}\left(\boldsymbol{\nabla}\cdot\boldsymbol{A}+\frac{1}{c^2}\frac{\partial\phi}{\partial t}\right)=-\mu_0\boldsymbol{j} \tag{7.51}$$

が導かれる．

■ローレンツゲージ　われわれは **5.4 節**の議論において，ベクトルポテンシャル $\boldsymbol{A}$ にはゲージ変換 (5.22)

$$\boldsymbol{A}\to\boldsymbol{A}'=\boldsymbol{A}+\boldsymbol{\nabla}\varphi \tag{7.52}$$

の任意性が存在することを見た．この変換によって式 (7.48) の磁束密度 $\boldsymbol{B}$ は不変に保たれるが，同時にスカラーポテンシャル ϕ に対して

$$\phi \to \phi' = \phi - \frac{\partial \varphi}{\partial t} \tag{7.53}$$

のゲージ変換を施すことで，

$$-\boldsymbol{\nabla}\phi' - \frac{\partial \boldsymbol{A}'}{\partial t} = -\boldsymbol{\nabla}\left(\phi - \frac{\partial \varphi}{\partial t}\right) - \frac{\partial}{\partial t}(\boldsymbol{A} + \boldsymbol{\nabla}\varphi) = -\boldsymbol{\nabla}\phi - \frac{\partial \boldsymbol{A}}{\partial t}$$

と計算できるので，式 (7.49) の電場 $\boldsymbol{E}$ も不変に保たれることがわかる．これらの任意性を利用して，

$$\boldsymbol{\nabla} \cdot \boldsymbol{A} + \frac{1}{c^2}\frac{\partial \phi}{\partial t} = 0 \tag{7.54}$$

を満たすように，スカラーポテンシャル ϕ およびベクトルポテンシャル $\boldsymbol{A}$ を選ぶことが可能となる．この制約条件 (7.54) を**ローレンツゲージ**の条件，または単に**ローレンツ条件**とよぶ．

ローレンツ条件 (7.54) を式 (7.50) および式 (7.51) に適用することで，スカラーポテンシャル ϕ とベクトルポテンシャル $\boldsymbol{A}$ が満たす次の方程式を得る．

ポテンシャルが満たす方程式

$$\nabla^2\phi - \frac{1}{c^2}\frac{\partial^2 \phi}{\partial t^2} = -\frac{\rho}{\varepsilon_0} \tag{7.55}$$

$$\nabla^2\boldsymbol{A} - \frac{1}{c^2}\frac{\partial^2 \boldsymbol{A}}{\partial t^2} = -\mu_0\boldsymbol{j} \tag{7.56}$$

なお，スカラーポテンシャル ϕ とベクトルポテンシャル $\boldsymbol{A}$ は，式 (7.55) および (7.56) のほかに，ローレンツ条件 (7.54) を満たさなければならないことに注意が必要である．

章末問題

7-1 図のように，一様な磁束密度 $\boldsymbol{B}$ の中で，それと垂直に置いた隣り合う 2 辺の長さがそれぞれ a, b の長方形の回路を長さ b の辺の中点を結ぶ軸の周りに一定の角速度 ω で回転させた．回転を開始した時刻を $t=0$ として，時刻 $t>0$ における端子 AB 間に生じる誘導起電力を求めよ．ただし，AB 間の間隔は無視できるくらい狭いとしてよい．

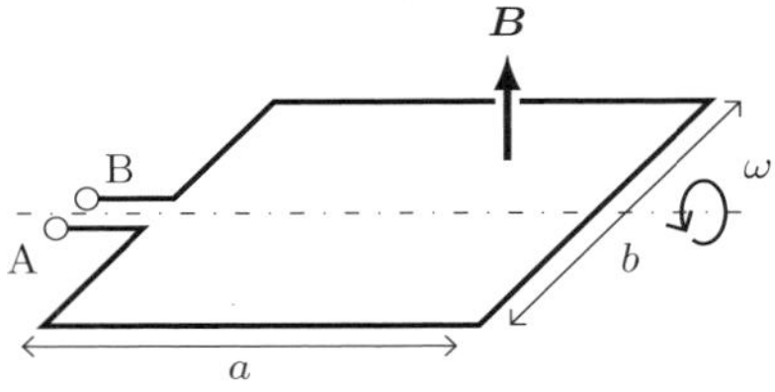

7-2 章末問題 6-4 のトロイダルコイルの円環の断面積を S とする．断面積 S は十分に小さく，円環内にできる磁場は一様であると仮定して自己インダクタンス L を求めよ．

7-3 図のように単位長さあたり n 巻の長いソレノイドの中に，中心軸が一致するように巻数 N, 断面積 S の小さいソレノイドが設置されている．この 2 つのソレノイドの相互インダクタンス M を求めよ．

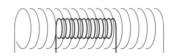

7-4 図のように，ロの字型の鉄心に巻数がそれぞれ N_1，N_2 の 2 つのコイル C_1，C_2 が巻いてある．コイル C_1 に時間的に変動する電圧 $V_1 = V_1^0 \sin\omega t$ を加えると，相互誘導によりコイル C_2 に誘導起電力 $V_2 = V_2^0 \sin\omega t$ が生じた．ここで V_1^0，V_2^0 は定数である．V_2^0/V_1^0 を求めよ．ただし，コイル C_1 の自己誘導による誘導起電力は V_1 に等しく，またコイル C_1 を流れる電流によって生じる磁束 Φ は鉄心から外へは漏れ出ないと仮定してよい．

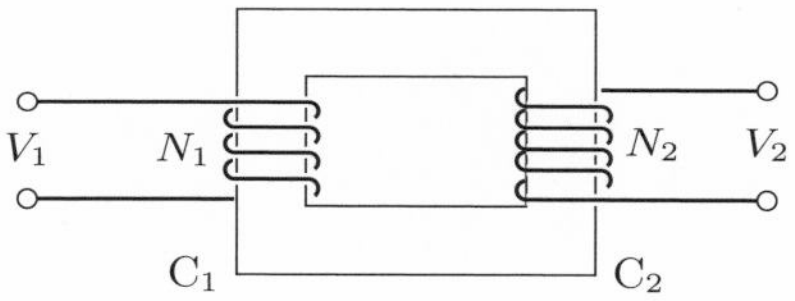

第8章 電磁波

前章において，ローレンツ条件 (7.54) と方程式 (7.55) および (7.56) を満たす解を求めることができれば，それらはマクスウェル方程式 (7.44)〜(7.47) の解を与えることを示した．しかし，方程式 (7.55) および (7.56) の解を一般的に求めることは本書の範囲を越えるので，本章では電荷密度および電流密度が存在しない自由空間における解について調べる．

8.1 自由空間中の電磁場

8.1.1 波動方程式

電荷密度 $\rho = 0$ および電流密度 $\boldsymbol{j} = 0$ であるような真空を**自由空間**とよぶ．自由空間ではポテンシャルの満たす方程式 (7.55)，(7.56) は

$$\nabla^2 \phi - \frac{1}{c^2}\frac{\partial^2 \phi}{\partial t^2} = 0, \tag{8.1}$$

$$\nabla^2 \boldsymbol{A} - \frac{1}{c^2}\frac{\partial^2 \boldsymbol{A}}{\partial t^2} = 0 \tag{8.2}$$

となる．これらは**波動方程式**とよばれるもので，後にわかるように，空間中を伝わる波の解をもつ．

さて，方程式 (8.1) は自明な解として $\phi = 0$ をもつことがすぐにわかるであろう．証明は省略するが，電荷密度が $\rho = 0$ を満たすときはいつでもゲージ変換によって $\phi = 0$ にすることが可能なので，一般性を失わずに $\phi = 0$ であるような解を選ぶことができる*1．よって，これ以降は $\phi = 0$ の場合について考えることにする．このとき，ローレンツ条件 (7.54) から，ベクトルポテンシャル $\boldsymbol{A}$ に対し

*1 興味のある読者は参考文献 [4] などを参照してほしい．

$$\nabla \cdot \boldsymbol{A} = 0 \tag{8.3}$$

の制約条件が課されることになる．また，$\phi = 0$ より，磁束密度 $\boldsymbol{B}$ および電場 $\boldsymbol{E}$ のポテンシャルによる表現 (7.48)，(7.49) は次のようになる．

自由空間中の電磁場のベクトルポテンシャルによる表現

$$\boldsymbol{B} = \nabla \times \boldsymbol{A} \tag{8.4}$$

$$\boldsymbol{E} = -\frac{\partial \boldsymbol{A}}{\partial t} \tag{8.5}$$

よって，方程式 (8.2) の解の内，制約条件 (8.3) を満たすものを求めれば，式 (8.4) および (8.5) により自由空間中の完全な電磁場が得られることになる．

8.1.2　波動方程式の解

ただ 1 つの変数 ξ をもつ任意のスカラー関数 $f(\xi)$ を考える．ただし，関数 $f(\xi)$ は変数 ξ の 1 階微分 $f'(\xi)$ および 2 階微分 $f''(\xi)$ をもつものとする．変数 ξ を定数ベクトル $\boldsymbol{k} = (k_x, k_y, k_z)$ と座標 $\boldsymbol{r} = (x, y, z)$，および時刻 t を用いて $\xi = \boldsymbol{k} \cdot \boldsymbol{r} - \omega t$ と表すことにしよう．ここで

$$\omega = c|\boldsymbol{k}| = ck \tag{8.6}$$

である．このとき，定数ベクトル $\boldsymbol{A}_0 = (A_{0x}, A_{0y}, A_{0z})$ とスカラー関数 $f(\boldsymbol{k} \cdot \boldsymbol{r} - \omega t)$ との積

$$\boldsymbol{A} = \boldsymbol{A}_0 f(\boldsymbol{k} \cdot \boldsymbol{r} - \omega t) \tag{8.7}$$

が，方程式 (8.2) の解となっている．このことを確かめてみよう．

まず，ベクトル $\boldsymbol{k}$，$\boldsymbol{A}_0$ が共に定数ベクトルであることに注意して式 (8.7) の座標 x による 2 階微分を実行すると，

$$\begin{aligned}
\frac{\partial^2 \boldsymbol{A}}{\partial x^2} &= \boldsymbol{A}_0 \frac{\partial}{\partial x}\left\{\frac{\partial}{\partial x} f(\boldsymbol{k} \cdot \boldsymbol{r} - \omega t)\right\} \\
&= \boldsymbol{A}_0 \frac{\partial}{\partial x}\left\{\frac{\partial \xi}{\partial x} f'(\boldsymbol{k} \cdot \boldsymbol{r} - \omega t)\right\} \\
&= \boldsymbol{A}_0 k_x \frac{\partial}{\partial x} f'(\boldsymbol{k} \cdot \boldsymbol{r} - \omega t) \\
&= \boldsymbol{A}_0 k_x^2 f''(\boldsymbol{k} \cdot \boldsymbol{r} - \omega t)
\end{aligned}$$

となる．座標 y および z に関する微分についても同様の式が得られることがすぐにわかる．また，時刻 t による 2 階微分も同様に

$$\frac{\partial^2 \boldsymbol{A}}{\partial t^2} = \boldsymbol{A}_0 \omega^2 f''(\boldsymbol{k} \cdot \boldsymbol{r} - \omega t)$$

と計算できるので，以上を式 (8.2) の左辺に代入して

$$\nabla^2 \boldsymbol{A} - \frac{1}{c^2}\frac{\partial^2 \boldsymbol{A}}{\partial t^2} = \left(k_x^2 + k_y^2 + k_z^2 - \frac{1}{c^2}\omega^2\right)\boldsymbol{A_0} f''(\boldsymbol{k} \cdot \boldsymbol{r} - \omega t)$$

となるが，$\omega^2 = c^2 k^2 = c^2\bigl(k_x^2 + k_y^2 + k_z^2\bigr)$ より右辺は 0 になる．よって，式 (8.7) のベクトル $\boldsymbol{A}$ が方程式 (8.2) の解であることが示された．

一方，式 (8.7) の発散を計算すると

$$\begin{aligned}\boldsymbol{\nabla} \cdot \boldsymbol{A} &= A_{0x}\frac{\partial}{\partial x} f(\boldsymbol{k} \cdot \boldsymbol{r} - \omega t) + A_{0y}\frac{\partial}{\partial y} f(\boldsymbol{k} \cdot \boldsymbol{r} - \omega t) + A_{0z}\frac{\partial}{\partial z} f(\boldsymbol{k} \cdot \boldsymbol{r} - \omega t) \\ &= (A_{0x}k_x + A_{0y}k_y + A_{0z}k_z) f'(\boldsymbol{k} \cdot \boldsymbol{r} - \omega t) \\ &= \boldsymbol{k} \cdot \boldsymbol{A}_0 f'(\boldsymbol{k} \cdot \boldsymbol{r} - \omega t)\end{aligned}$$

を得るが，式 (8.3) によりこの値は常に 0 でなければならないので，ベクトル $\boldsymbol{k}$ と $\boldsymbol{A}_0$ に対する制約条件

$$\boldsymbol{k} \cdot \boldsymbol{A}_0 = 0$$

が導かれる．

式 (8.7) のベクトルポテンシャルから，式 (8.4)，(8.5) によって磁束密度 $\boldsymbol{B}$，電場 $\boldsymbol{E}$ を求めると

$$\begin{aligned}\boldsymbol{B} &= \boldsymbol{\nabla} \times \boldsymbol{A} = \{\boldsymbol{\nabla} f(\boldsymbol{k} \cdot \boldsymbol{r} - \omega t)\} \times \boldsymbol{A}_0 = \boldsymbol{k} \times \boldsymbol{A}_0 f'(\boldsymbol{k} \cdot \boldsymbol{r} - \omega t), \\ \boldsymbol{E} &= -\frac{\partial}{\partial t}\boldsymbol{A} = \omega \boldsymbol{A}_0 f'(\boldsymbol{k} \cdot \boldsymbol{r} - \omega t)\end{aligned}$$

を得る．ここで，ベクトル $\boldsymbol{A}$ の回転 $\boldsymbol{\nabla} \times \boldsymbol{A}$ の計算には，任意のスカラー場 ϕ と定数ベクトル $\boldsymbol{X}$ に対して

$$\boldsymbol{\nabla} \times (\phi \boldsymbol{X}) = (\boldsymbol{\nabla}\phi) \times \boldsymbol{X}$$

が成り立つことを用いた．

ここで，関数 f の導関数 f' もまた 1 変数の関数であるから，それを記号 ψ で置き換えて改めて磁束密度と電場を制約条件と合わせてまとめておこう．

自由空間中の電磁場

$$\boldsymbol{B} = \boldsymbol{k} \times \boldsymbol{A}_0 \psi(\boldsymbol{k} \cdot \boldsymbol{r} - \omega t) \tag{8.8}$$

$$\boldsymbol{E} = \omega \boldsymbol{A}_0 \psi(\boldsymbol{k} \cdot \boldsymbol{r} - \omega t) \tag{8.9}$$

※制約条件

$$\boldsymbol{k} \cdot \boldsymbol{A}_0 = 0 \tag{8.10}$$

8.2　空間を伝わる電磁場

8.2.1　電磁波が伝わる速さ

式 (8.8) および (8.9) より，関数 ψ の変数 $\boldsymbol{k} \cdot \boldsymbol{r} - \omega t$ の値が等しいところでは，どの位置，どの時刻も同じ電磁場の値を与えることがわかる．よって，ある時刻 t における電磁場は**図 8.1** に示すような $\boldsymbol{k} \cdot \boldsymbol{r} =$ 一定の位置，すなわちベクトル $\boldsymbol{k}$ に直交する平面上のどの位置においても等しくなる．

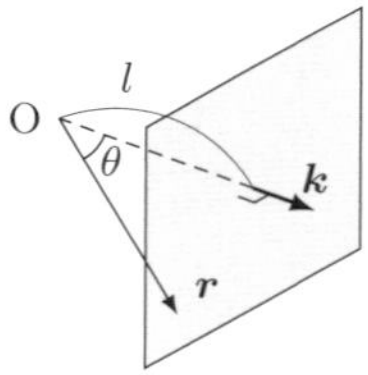

図 8.1　ベクトル $\boldsymbol{k}$ に直交する平面上はどの位置も電磁場は等しい

図8.1 と同じ電磁場の様子をもった平面が，微小時間 Δt 経過後に距離 Δl だけ離れた位置で観測されたとしよう．原点 O から平面までの距離を l，ベクトル $\boldsymbol{r}$ とベクトル $\boldsymbol{k}$ のなす角を θ とすると，$l = r\cos\theta$ と表されるので，$\boldsymbol{k} \cdot \boldsymbol{r} = kr\cos\theta = kl$ が成り立つ．等しい電磁場の様子をもった 2 つの平面上では関数 ψ の変数 $\boldsymbol{k} \cdot \boldsymbol{r} - \omega t = kl - \omega t$ の値が等しくなることから

$$k(l + \Delta l) - \omega(t + \Delta t) = kl - \omega t$$

の関係が成り立つ．これより

$$\frac{\Delta l}{\Delta t} = \frac{\omega}{k} = c$$

が導かれる．このことは，式 (8.8) および (8.9) で表される電磁場が，ベクトル $\boldsymbol{k}$ の向きに速さ c で進行していることを示している．**図 8.2** にベクトル $\boldsymbol{k}$ にそった軸における電場の時間変化の様子を示す．このようにして波として空間中を伝わる電磁場のことを**電磁波**とよぶ．また，等しい電磁場の様子をもった面のことを**波面**といい，波面が平面である電磁波を**平面波**という．

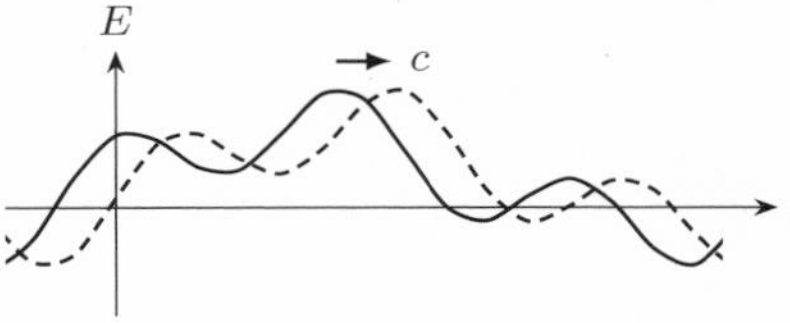

図 8.2　ベクトル $\boldsymbol{k}$ にそって速さ c で進行する電場

電磁波が伝わる速さ c は物理定数の 1 つであり，式 (7.36) より

$$c = \frac{1}{\sqrt{\mu_0 \varepsilon_0}} \tag{8.11}$$

と表されるが，光も電磁波の一種であることから，c は真空中の光速にほかならない．その実測値 $c = 2.99792458 \times 10^8$ m/s と真空の透磁率 $\mu_0 = 4\pi \times 10^{-7}$ N/A^2 から，式 (8.11) によって真空の誘電率 ε_0 が求められる．

◆ **練習問題** 8.1　真空中の光速 c と真空の透磁率 μ_0 の値を用いて，式 (8.11) から真空の誘電率 ε_0 の値を求めよ[*2]

■**物質中を進む光の速さ**　物質中の光速 v は，式 (8.11) において真空の誘電率 ε_0 と透磁率 μ_0 をそれぞれ物質の誘電率 ε と透磁率 μ に置き換えて

$$v = \frac{1}{\sqrt{\mu \varepsilon}}$$

により与えられる．このとき，真空中の光速 c と v との比の値

$$n = \frac{c}{v} = \sqrt{\frac{\mu \varepsilon}{\mu_0 \varepsilon_0}}$$

[*1] 計算には単位の換算 [A]=[C/s] を用いる．

のことを**屈折率**とよぶ[*3]．水などの反磁性体や多くの常磁性体ではほぼ $\mu \simeq \mu_0$ としてよく，また比誘電率 ε_r を用いて $\varepsilon = \varepsilon_\mathrm{r}\varepsilon_0$ と書けるので，このような物質では

$$n \simeq \sqrt{\varepsilon_\mathrm{r}}$$

が成り立つ．

◆ **練習問題** 8.2 水の屈折率は $n = 1.333$ である．水中を進む光の速さを求めよ．

8.2.2 電磁波における電場と磁束密度の関係

式 (8.8) および式 (8.9) は磁束密度 $\boldsymbol{B}$ と電場 $\boldsymbol{E}$ の向きがそれぞれ $\boldsymbol{k}\times\boldsymbol{A}_0$，$\boldsymbol{A}_0$ で表されることを示すが，制約条件 (8.10)，および外積の性質から $\boldsymbol{k}\cdot(\boldsymbol{k}\times\boldsymbol{A}_0) = 0$，$\boldsymbol{A}_0\cdot(\boldsymbol{k}\times\boldsymbol{A}_0) = 0$ が言えるので，

$$\boldsymbol{k}\cdot\boldsymbol{B} = 0, \tag{8.12}$$

$$\boldsymbol{k}\cdot\boldsymbol{E} = 0, \tag{8.13}$$

$$\boldsymbol{B}\cdot\boldsymbol{E} = 0 \tag{8.14}$$

が導かれる．すなわち 3 つのベクトル $\boldsymbol{k}$，$\boldsymbol{B}$，$\boldsymbol{E}$ は互いに直交していることがわかる．また，ベクトル $\boldsymbol{k}$ は電磁波の進行方向を表しているので，これより電磁波は**横波**であることがわかる．

次に，式 (8.9) よりベクトル $\boldsymbol{k}$ と電場 $\boldsymbol{E}$ の外積は

$$\boldsymbol{k}\times\boldsymbol{E} = \omega\boldsymbol{k}\times\boldsymbol{A}_0\psi(\boldsymbol{k}\cdot\boldsymbol{r} - \omega t)$$

となるので，右辺を式 (8.8) により磁束密度 $\boldsymbol{B}$ で置き換えて

$$\boldsymbol{k}\times\boldsymbol{E} = \omega\boldsymbol{B} \tag{8.15}$$

を得る．すなわち，磁束密度 $\boldsymbol{B}$ はベクトル $\boldsymbol{k}$ から電場 $\boldsymbol{E}$ の向きに右ねじを回したときのねじの進む向きをもち，ベクトル $\boldsymbol{k}$ と電場 $\boldsymbol{E}$ の直交性 (8.13) と $\omega = ck$ に注意して大きさの関係に直すと

$$E = cB \tag{8.16}$$

[*3] 異なる物質中の光速の比の値を一般に屈折率とよび，真空に対する屈折率を**絶対屈折率**とよんで区別することもある．

を得る．以上を図に表すと**図 8.3** のようになる．

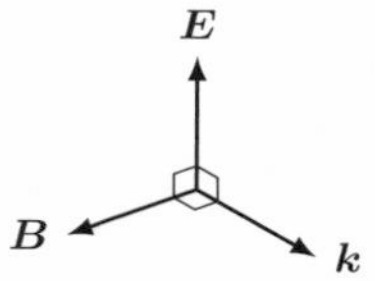

図 8.3　ベクトル $\boldsymbol{k}$，電場 $\boldsymbol{E}$，磁束密度 $\boldsymbol{B}$ は互いに直交する

8.2.3　電磁波のエネルギーの流れ

式 (7.42) で表されるポインティングベクトルは，単位時間あたりに単位面積を通して流れるエネルギーを表していることはすでに述べた．式 (8.15) から電磁波のポインティングベクトルを計算すると

$$\boldsymbol{S} = \varepsilon_0 c^2 \boldsymbol{E} \times \boldsymbol{B} = \frac{\varepsilon_0 c^2}{\omega} \boldsymbol{E} \times (\boldsymbol{k} \times \boldsymbol{E}) = \varepsilon_0 c E^2 \frac{\boldsymbol{k}}{k} \tag{8.17}$$

を得る．ここで，式 (8.17) の最後の等号の導出には，$\omega = ck$ の関係と，ベクトル解析の公式 (6.3) および式 (8.13) を用いた．式 (8.17) における $\boldsymbol{k}/k$ は，ベクトル $\boldsymbol{k}$ の向きの単位ベクトルであるから，式 (8.17) は単位時間，単位面積あたり $\varepsilon_0 c E^2$ のエネルギーが，波の進行方向であるベクトル $\boldsymbol{k}$ の向きに流れていることを示している．

8.3　正弦波

実用上は式 (8.8)，(8.9) における関数 $\psi(\xi)$ が周期関数である場合が重要なので，ここでは最も基本的な周期関数の 1 つである三角関数 $\sin\xi$ の場合について見ていこう．$\psi(\xi) = \sin\xi$ としたときの，ある時刻における電場 $\boldsymbol{E}$ と磁束密度 $\boldsymbol{B}$ の様子を**図 8.4** に示す．なお，三角関数で表される波動を**正弦波**といい，その変数 ξ を**位相**という．

三角関数 $\sin\xi$ の周期は 2π なので，位相 $\xi = \boldsymbol{k} \cdot \boldsymbol{r} - \omega t$ が 2π 変化するごとに同じ波形が現れる．ある一定の時刻 t において，位置 $\boldsymbol{r}$ からベクトル $\boldsymbol{k}$ にそって位相が 2π だけ変化する位置を $\boldsymbol{r}'$ とし，$\boldsymbol{r}$ と $\boldsymbol{r}'$ の間の距離を λ とおけば

$$\boldsymbol{k} \cdot \boldsymbol{r}' - \boldsymbol{k} \cdot \boldsymbol{r} = \boldsymbol{k} \cdot (\boldsymbol{r}' - \boldsymbol{r}) = k\lambda = 2\pi$$

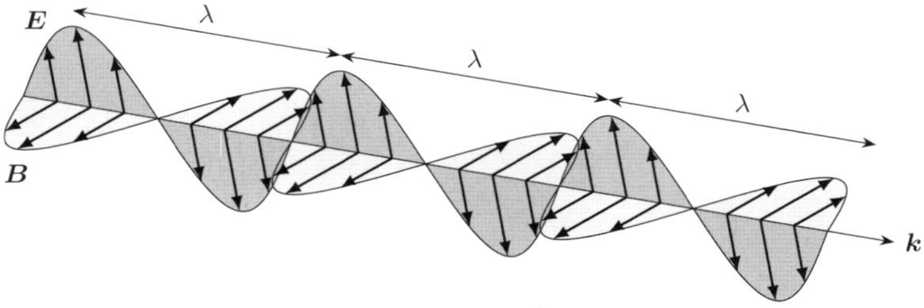

図 8.4 ある時刻における電場 $\boldsymbol{E}$ と磁束密度 $\boldsymbol{B}$ の様子

が成り立つので，これより

$$\lambda = \frac{2\pi}{k} \tag{8.18}$$

を得る．この長さ λ を**波長**という．このとき k は

$$k = \frac{2\pi}{\lambda} \tag{8.19}$$

と書くことができ，単位長さあたりに含まれる波の個数 $1/\lambda$ の 2π 倍に等しい．このとき k を**波数**といい，ベクトル $\boldsymbol{k}$ を**波数ベクトル**とよぶ．また $\omega = ck$ (8.6) は単位時間あたりの位相の変化を表し，**角振動数**または**角周波数**とよばれ，正弦波の周波数を f とおけば

$$\omega = 2\pi f \tag{8.20}$$

の関係がある．さらに，$\omega = ck$ (8.6) と式 (8.19) より波長 λ と周波数 f とは

$$c = f\lambda \tag{8.21}$$

の関係で結ばれていることもわかる．

■電磁波の種類　光や電波は空中を伝わる電磁波の一種である．電磁波の性質はその波長 λ，あるいは波長と式 (8.21) の関係で結ばれる周波数 f によって決まる．**図 8.5** に波長で分類した電磁波の種類を示す．この中で，電波は波長が 0.1 mm 以上のものを指す．

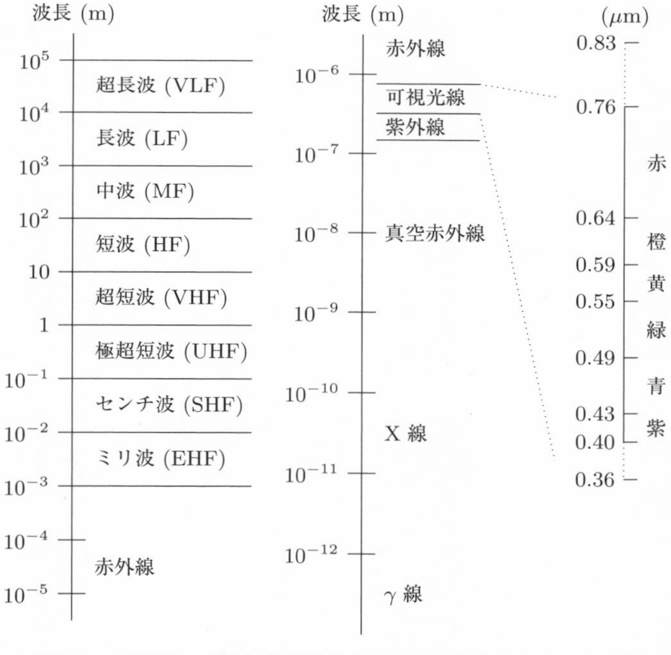

図 8.5　電磁波の種類（「理科年表 2019 年版」をもとに作成）

付録

A.1　ベクトル解析の公式

本書で用いられているベクトル解析の公式をまとめておく．式番号は本文中で割り振られているものである．

$$\boldsymbol{\alpha} \times (\boldsymbol{\nabla} \times \boldsymbol{\beta}) = \boldsymbol{\nabla}(\boldsymbol{\alpha} \cdot \boldsymbol{\beta}) - (\boldsymbol{\alpha} \cdot \boldsymbol{\nabla})\boldsymbol{\beta} \quad \text{※} \boldsymbol{\nabla} \text{ は } \boldsymbol{\beta} \text{ にのみ作用} \tag{4.11}$$

$$\boldsymbol{\nabla} \times (\boldsymbol{\nabla} \times \boldsymbol{\alpha}) = \boldsymbol{\nabla}(\boldsymbol{\nabla} \cdot \boldsymbol{\alpha}) - \nabla^2 \boldsymbol{\alpha} \tag{5.24}$$

$$\boldsymbol{\nabla} \times (\phi \boldsymbol{\alpha}) = (\boldsymbol{\nabla}\phi) \times \boldsymbol{\alpha} + \phi \boldsymbol{\nabla} \times \boldsymbol{\alpha} \tag{5.36}$$

$$\boldsymbol{\alpha} \times (\boldsymbol{\beta} \times \boldsymbol{\gamma}) = (\boldsymbol{\gamma} \times \boldsymbol{\beta}) \times \boldsymbol{\alpha} = \boldsymbol{\beta}(\boldsymbol{\alpha} \cdot \boldsymbol{\gamma}) - \boldsymbol{\gamma}(\boldsymbol{\alpha} \cdot \boldsymbol{\beta}) \tag{6.3}$$

$$\boldsymbol{\alpha} \cdot (\boldsymbol{\beta} \times \boldsymbol{\gamma}) = (\boldsymbol{\alpha} \times \boldsymbol{\beta}) \cdot \boldsymbol{\gamma} \tag{7.10}$$

$$\boldsymbol{\nabla} \cdot (\boldsymbol{\alpha} \times \boldsymbol{\beta}) = \boldsymbol{\beta} \cdot (\boldsymbol{\nabla} \times \boldsymbol{\alpha}) - \boldsymbol{\alpha} \cdot (\boldsymbol{\nabla} \times \boldsymbol{\beta}) \tag{7.40}$$

A.2　円電流の周回積分

ベクトルを縦ベクトルで表し，内積などの演算を行列の掛け算のルールに従って行うことにすると，**6.1 節**の円電流に関する周回積分を見通しのよい形で計算することができる．

■式 (6.9)

式 (6.7) の 2 つのベクトルは

$$\boldsymbol{r} = \begin{pmatrix} x \\ y \\ z \end{pmatrix}, \quad \boldsymbol{r}' = \begin{pmatrix} a\cos\theta \\ a\sin\theta \\ 0 \end{pmatrix}$$

と表され，この 2 つのベクトルの内積は

A 付録

$$\boldsymbol{r}' \cdot \boldsymbol{r} = ax\cos\theta + ay\sin\theta = \begin{pmatrix} a\cos\theta & a\sin\theta & 0 \end{pmatrix} \begin{pmatrix} x \\ y \\ z \end{pmatrix}$$

より

$$\boldsymbol{r}' \cdot \boldsymbol{r} = \boldsymbol{r}'^{\mathrm{T}} \boldsymbol{r}$$

と書くことがことができる．ここで記号 T は行列の行と列を入れ換える転置を表す．スカラー $\boldsymbol{r}' \cdot \boldsymbol{r}$ とベクトル $\boldsymbol{r}'$ の積の順序は任意であり，ベクトル $\boldsymbol{r}$ は積分に寄与しないので，この表記によって式 (6.9) の積分は

$$\int_0^{2\pi} (\boldsymbol{r}' \cdot \boldsymbol{r})\boldsymbol{r}' \, \mathrm{d}\theta = \int_0^{2\pi} \boldsymbol{r}'(\boldsymbol{r}' \cdot \boldsymbol{r}) \, \mathrm{d}\theta = \left(\int_0^{2\pi} \boldsymbol{r}' \, \boldsymbol{r}'^{\mathrm{T}} \, \mathrm{d}\theta \right) \boldsymbol{r}$$

となる．ここで $\boldsymbol{r}' \, \boldsymbol{r}'^{\mathrm{T}}$ は行列の掛け算のルールに従って計算すると

$$\boldsymbol{r}' \, \boldsymbol{r}'^{\mathrm{T}} = \begin{pmatrix} a\cos\theta \\ a\sin\theta \\ 0 \end{pmatrix} \begin{pmatrix} a\cos\theta & a\sin\theta & 0 \end{pmatrix} = \begin{pmatrix} a^2\cos^2\theta & a^2\cos\theta\sin\theta & 0 \\ a^2\sin\theta\cos\theta & a^2\sin^2\theta & 0 \\ 0 & 0 & 0 \end{pmatrix}$$

という 3×3 の行列になるが，各種三角関数の積分 (6.8) を用いて要素ごとに積分を実行して

$$\int_0^{2\pi} \boldsymbol{r}' \, \boldsymbol{r}'^{\mathrm{T}} \, \mathrm{d}\theta = \pi a^2 \begin{pmatrix} 1 & 0 & 0 \\ 0 & 1 & 0 \\ 0 & 0 & 0 \end{pmatrix}$$

を得る．右辺の係数 πa^2 を除いた行列の部分は，ベクトルを xy 平面に射影する効果をもつ行列であることがわかる．これより

$$\int_0^{2\pi} (\boldsymbol{r}' \cdot \boldsymbol{r})\boldsymbol{r}' \, \mathrm{d}\theta = \pi a^2 \begin{pmatrix} 1 & 0 & 0 \\ 0 & 1 & 0 \\ 0 & 0 & 0 \end{pmatrix} \begin{pmatrix} x \\ y \\ z \end{pmatrix} = \pi a^2 \begin{pmatrix} x \\ y \\ 0 \end{pmatrix}$$

を得る．

■式 (6.10)

式 (6.10) の積分の被積分関数は

$$(\boldsymbol{r}\cdot\boldsymbol{r}')^2 = (\boldsymbol{r}\cdot\boldsymbol{r}')(\boldsymbol{r}'\cdot\boldsymbol{r}) = \boldsymbol{r}^{\mathrm{T}}\,\boldsymbol{r}'\,\boldsymbol{r}'^{\mathrm{T}}\,\boldsymbol{r}$$

と書けるので，これより式 (6.10) の積分は

$$\begin{aligned}\int_0^{2\pi}(\boldsymbol{r}\cdot\boldsymbol{r}')^2\,\mathrm{d}\theta &= \boldsymbol{r}^{\mathrm{T}}\left(\int_0^{2\pi}\boldsymbol{r}'\,\boldsymbol{r}'^{\mathrm{T}}\,\mathrm{d}\theta\right)\boldsymbol{r}\\ &= \begin{pmatrix}x & y & z\end{pmatrix}\left\{\pi a^2\begin{pmatrix}x\\ y\\ 0\end{pmatrix}\right\}\\ &= \pi a^2\left(x^2+y^2\right)\end{aligned}$$

と計算できる．

■式 (6.21)

式 (6.20) の積分の中身は，$\Delta\boldsymbol{l}' = \hat{\boldsymbol{z}}\times\boldsymbol{r}'\Delta\theta$ より

$$(\hat{\boldsymbol{z}}\times\boldsymbol{r}')\times(\boldsymbol{r}'\cdot\boldsymbol{\nabla})\boldsymbol{B}\Delta\theta$$

となるが，ナブラ $\boldsymbol{\nabla}$ は磁束密度 $\boldsymbol{B}$ にのみ作用することに注意するとベクトル解析の公式 (6.3) を用いて

$$\begin{aligned}(\hat{\boldsymbol{z}}\times\boldsymbol{r}')\times(\boldsymbol{r}'\cdot\boldsymbol{\nabla})\boldsymbol{B} &= \boldsymbol{r}'\{\hat{\boldsymbol{z}}\cdot(\boldsymbol{r}'\cdot\boldsymbol{\nabla})\boldsymbol{B}\} - \hat{\boldsymbol{z}}\{\boldsymbol{r}'\cdot(\boldsymbol{r}'\cdot\boldsymbol{\nabla})\boldsymbol{B}\}\\ &= \boldsymbol{r}'\{(\boldsymbol{r}'\cdot\boldsymbol{\nabla})(\hat{\boldsymbol{z}}\cdot\boldsymbol{B})\} - \hat{\boldsymbol{z}}\{(\boldsymbol{\nabla}\cdot\boldsymbol{r}')(\boldsymbol{r}'\cdot\boldsymbol{B})\}\\ &= \boldsymbol{r}'\boldsymbol{r}'^{\mathrm{T}}\boldsymbol{\nabla}\hat{\boldsymbol{z}}^{\mathrm{T}}\boldsymbol{B} - \hat{\boldsymbol{z}}\boldsymbol{\nabla}^{\mathrm{T}}\boldsymbol{r}'\boldsymbol{r}'^{\mathrm{T}}\boldsymbol{B}\end{aligned}$$

と表すことができるので，式 (6.20) の積分は

$$
\begin{aligned}
\boldsymbol{F} &= I\left(\int_0^{2\pi} \boldsymbol{r}'\boldsymbol{r}'^{\mathrm{T}}\,\mathrm{d}\theta\right)\boldsymbol{\nabla}\hat{\boldsymbol{z}}^{\mathrm{T}}\boldsymbol{B} - I\hat{\boldsymbol{z}}\boldsymbol{\nabla}^{\mathrm{T}}\left(\int_0^{2\pi} \boldsymbol{r}'\boldsymbol{r}'^{\mathrm{T}}\,\mathrm{d}\theta\right)\boldsymbol{B} \\
&= I\pi a^2 \begin{pmatrix} 1 & 0 & 0 \\ 0 & 1 & 0 \\ 0 & 0 & 0 \end{pmatrix} \begin{pmatrix} \partial B_z/\partial x \\ \partial B_z/\partial y \\ \partial B_z/\partial z \end{pmatrix} - I\pi a^2 \hat{\boldsymbol{z}}\boldsymbol{\nabla}^{\mathrm{T}} \begin{pmatrix} 1 & 0 & 0 \\ 0 & 1 & 0 \\ 0 & 0 & 0 \end{pmatrix} \begin{pmatrix} B_x \\ B_y \\ B_z \end{pmatrix} \\
&= I\pi a^2 \begin{pmatrix} \partial B_z/\partial x \\ \partial B_z/\partial y \\ 0 \end{pmatrix} - I\pi a^2 \begin{pmatrix} 0 \\ 0 \\ \partial B_x/\partial x + \partial B_y/\partial y \end{pmatrix} \\
&= I\pi a^2 \left\{ \begin{pmatrix} \partial B_z/\partial x \\ \partial B_z/\partial y \\ \partial B_z/\partial z \end{pmatrix} - \begin{pmatrix} 0 \\ 0 \\ \partial B_x/\partial x + \partial B_y/\partial y + \partial B_z/\partial z \end{pmatrix} \right\} \\
&= I\pi a^2 \{\boldsymbol{\nabla} B_z - (\boldsymbol{\nabla}\cdot\boldsymbol{B})\hat{\boldsymbol{z}}\}
\end{aligned}
$$

となり，式 (6.21) を得る．

章末問題解答

第 1 章

1-1 初期位置 $\boldsymbol{r}_0 = (0,0,0)$ として速度 $\boldsymbol{v} = (gt,0,0)$ を時刻 t で成分ごとに積分すればよい．

$$\boldsymbol{r} = \int_0^t \boldsymbol{v}\,\mathrm{d}t + \boldsymbol{r}_0 = (gt^2/2, 0, 0)$$

1-2 時刻 t の関数 $f(t)$ のラプラス変換 $\mathscr{L}[f(t)]$ は

$$\mathscr{L}[f(t)] = \int_0^\infty f(t)\,e^{-st}\,\mathrm{d}t$$

により定義される．また，$f(t)$ の時間に関する 1 階微分 $f'(t)$，および 2 階微分 $f''(t)$ のラプラス変換は $s > 0$ としてそれぞれ，

$$\begin{aligned}\mathscr{L}[f'(t)] &= \int_0^\infty f'(t)\,e^{-st}\,\mathrm{d}t \\ &= f(t)\,e^{-st}\Big|_0^\infty + s\int_0^\infty f(t)\,e^{-st}\,\mathrm{d}t \\ &= -f(0) + s\mathscr{L}[f(t)],\end{aligned}$$

$$\begin{aligned}\mathscr{L}[f''(t)] &= \int_0^\infty f''(t)\,e^{-st}\,\mathrm{d}t \\ &= f'(t)\,e^{-st}\Big|_0^\infty + s\int_0^\infty f'(t)\,e^{-st}\,\mathrm{d}t \\ &= -f'(0) + s\mathscr{L}[f'(t)] \\ &= -f'(0) - sf(0) + s^2\mathscr{L}[f(t)]\end{aligned}$$

と計算できる.

これより式 (1.9) の両辺をラプラス変換すると

$$m\{-x'(0) - sx(0) + s^2\mathscr{L}[x(t)]\} = -k\mathscr{L}[x(t)]$$

となるので，初期条件 $x(0) = A, x'(0) = 0$ を代入して

$$\mathscr{L}[x(t)] = A\frac{ms}{k + ms^2} = A\frac{s}{k/m + s^2} \tag{B.1}$$

を得る.

一方，三角関数 $\cos\omega t$ のラプラス変換を計算すると

$$\begin{aligned}\mathscr{L}[\cos\omega t] &= \int_0^\infty \cos\omega t\, e^{-st}\,\mathrm{d}t \\ &= \int_0^\infty \frac{e^{i\omega t} + e^{-i\omega t}}{2} e^{-st}\,\mathrm{d}t \\ &= \frac{1}{2}\int_0^\infty e^{(i\omega - s)t} + e^{-(i\omega + s)t}\,\mathrm{d}t \\ &= \frac{1}{2}\left[\frac{e^{(i\omega - s)t}}{i\omega - s} - \frac{e^{-(i\omega + s)t}}{i\omega + s}\right|_0^\infty \\ &= \frac{1}{2}\left(-\frac{1}{i\omega - s} + \frac{1}{i\omega + s}\right) = \frac{s}{\omega^2 + s^2}\end{aligned}$$

となるので，式 (B.1) と比較して

$$x(t) = A\cos\sqrt{\frac{k}{m}}\,t$$

を得る.

1-3　鉄原子 1 g あたりの原子数は $6.02 \times 10^{23}/55.845 = 1.078 \times 10^{22}$ 個となる．鉄原子 1 個は電荷量 $e = 1.6021766341 \times 10^{-19}$ C の陽子を 26 個もつので，正電荷の量は $1.078 \times 10^{22} \times 26 \times 1.6021766341 \times 10^{-19} = 4.49 \times 10^4$ C であり，同数の電子があるので負電荷の量は -4.49×10^4 C である.

第2章

2-1　式 (2.5) の両辺を時刻 t で積分すると，運動エネルギー K の増加分 $\varDelta K$ は

$$\varDelta K = \int \frac{1}{m}\boldsymbol{p}\cdot\boldsymbol{F}\,\mathrm{d}t = \int \boldsymbol{v}\cdot\boldsymbol{F}\,\mathrm{d}t$$

と表されるが，$\boldsymbol{v}\Delta t$ は微小時間 Δt における位置の変化 $\Delta \boldsymbol{r}$ なので，

$$\Delta K = \int \boldsymbol{F} \cdot \mathrm{d}\boldsymbol{r}$$

を得る．

2-2 物体の位置 $\boldsymbol{r}$ と速度 $\boldsymbol{v}$ は直交するので

$$|\boldsymbol{r} \times \boldsymbol{v}| = rv = av$$

である．また，$\boldsymbol{r} \times \boldsymbol{v}$ は z 軸方向正の向きを向くので，z 軸方向正の向きの単位ベクトルを $\hat{\boldsymbol{z}}$ とおくと式 (2.11) より

$$\boldsymbol{L} = \boldsymbol{r} \times \boldsymbol{p} = m\boldsymbol{r} \times \boldsymbol{v} = amv\hat{\boldsymbol{z}}$$

を得る．

2-3 定義に従って計算すればよい．

$$\text{発散}:\nabla \cdot \boldsymbol{r} = \frac{\partial x}{\partial x} + \frac{\partial y}{\partial y} + \frac{\partial z}{\partial z} = 3$$

$$\text{回転}:\nabla \times \boldsymbol{r} = \left(\frac{\partial z}{\partial y} - \frac{\partial y}{\partial z}, \frac{\partial x}{\partial z} - \frac{\partial z}{\partial x}, \frac{\partial y}{\partial x} - \frac{\partial x}{\partial y}\right) = 0$$

2-4 z 軸方向正の向きの単位ベクトルを $\hat{\boldsymbol{z}}$，xy 平面上の半径 a の円周にそった線要素を $\Delta \boldsymbol{l}$，その位置 $\boldsymbol{r} = (x, y, 0)$ と x 軸のなす角を θ とすれば

$$\Delta \boldsymbol{l} = \hat{\boldsymbol{z}} \times \boldsymbol{r}\Delta\theta = (-y, x, 0)\Delta\theta = (-a\sin\theta, a\cos\theta, 0)\Delta\theta$$

と書けるので（式 (6.2) 参照），

$$\boldsymbol{v} = (-cy, cx, 0) = (-ca\sin\theta, ca\cos\theta, 0)$$

の円周にそった循環は

$$\Delta\Gamma_z = \oint \boldsymbol{v} \cdot \mathrm{d}\boldsymbol{l} = ca^2 \int_0^{2\pi} (\sin^2\theta + \cos^2\theta)\,\mathrm{d}\theta = ca^2 \int_0^{2\pi} \mathrm{d}\theta = 2\pi ca^2$$

と計算できる．円の面積は $\Delta S = \pi a^2$ なので $\boldsymbol{v}$ の回転の z 成分

$$(\boldsymbol{\nabla} \times \boldsymbol{v})_z = \frac{\Delta \Gamma_z}{\Delta S} = 2c$$

を得る．

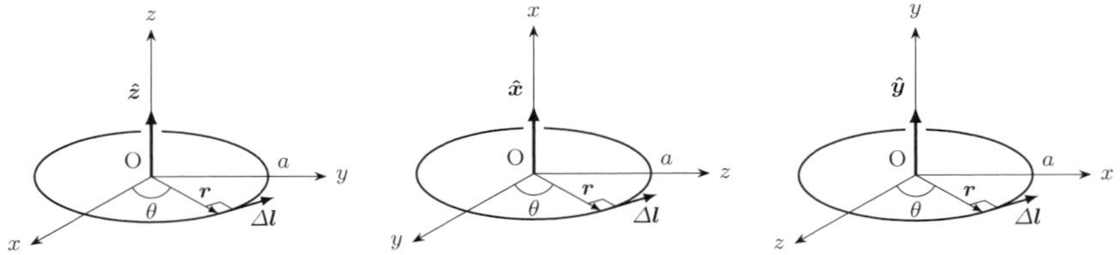

同様に yz 平面上の半径 a の円周にそった線要素は

$$\Delta \boldsymbol{l} = \hat{\boldsymbol{x}} \times \boldsymbol{r} \Delta\theta = (0, -z, y)\Delta\theta = (0, -a\sin\theta, a\cos\theta)\Delta\theta$$

と書けるので，円周にそった $\boldsymbol{v}$ の循環は

$$\Delta \Gamma_x = \oint \boldsymbol{v} \cdot \mathrm{d}\boldsymbol{l} = -ca^2 \int_0^{2\pi} \cos\theta \sin\theta \, \mathrm{d}\theta = -\frac{ca^2}{2} \int_0^{2\pi} \sin 2\theta \, \mathrm{d}\theta = 0$$

と計算でき，zx 平面上の半径 a の円周にそった線要素は

$$\Delta \boldsymbol{l} = \hat{\boldsymbol{y}} \times \boldsymbol{r} \Delta\theta = (z, 0, -x)\Delta\theta = (a\cos\theta, 0, -a\sin\theta)\Delta\theta$$

と書けるので，円周にそった $\boldsymbol{v}$ の循環は

$$\Delta \Gamma_y = \oint \boldsymbol{v} \cdot \mathrm{d}\boldsymbol{l} = -ca^2 \int_0^{2\pi} \sin\theta \cos\theta \, \mathrm{d}\theta = -\frac{ca^2}{2} \int_0^{2\pi} \sin 2\theta \, \mathrm{d}\theta = 0$$

となる．以上より

$$(\boldsymbol{\nabla} \times \boldsymbol{v})_x = (\boldsymbol{\nabla} \times \boldsymbol{v})_y = 0$$

を得る．

第3章

3-1 式 (3.22) に $q_1 = 4.49 \times 10^4$ C，$q_2 = -4.49 \times 10^4$ C，$r = 1$ m，$\varepsilon_0 = 8.854187817 \times 10^{-12}$ C^2/N·m^2 を代入して

$$F = -\frac{1}{4 \times 3.14 \times 8.854187817 \times 10^{-12}}(4.49 \times 10^4)^2 \text{ N} = 1.81 \times 10^{19} \text{ N}$$

を得る．

3-2 空間のある閉じた領域をVとし，その表面をSとする．この領域における電場 $\boldsymbol{E}$ に対し，ガウスの定理 (3.14) を適用すれば

$$\int_{\mathrm{S}} \boldsymbol{E} \cdot \boldsymbol{n}\, \mathrm{d}S = \int_{\mathrm{V}} \boldsymbol{\nabla} \cdot \boldsymbol{E}\, \mathrm{d}V$$

となるので，式 (3.15) の左辺を置き換えて

$$\int_{\mathrm{V}} \boldsymbol{\nabla} \cdot \boldsymbol{E}\, \mathrm{d}V = \frac{1}{\varepsilon_0} \int_{\mathrm{V}} \rho\, \mathrm{d}V$$

を得る．両辺の積分範囲は共通であり，領域Vは任意なのでこれより式 (3.6)

$$\boldsymbol{\nabla} \cdot \boldsymbol{E} = \frac{\rho}{\varepsilon_0}$$

が導かれる．

3-3 位置 $\boldsymbol{r}'$ にある微小体積 $\varDelta V$ 内に電荷が密度 ρ で一様に分布しているものとする．位置 $\boldsymbol{r}'$ もほぼ一定であると考えてよいので，式 (3.28) において被積分関数を積分の外に出すことができ

$$\boldsymbol{E}(\boldsymbol{r}) = \frac{\rho}{4\pi\varepsilon_0} \frac{\boldsymbol{r} - \boldsymbol{r}'}{|\boldsymbol{r} - \boldsymbol{r}'|^3} \int_{\mathrm{V}} \mathrm{d}V' = \frac{\rho \varDelta V}{4\pi\varepsilon_0} \frac{\boldsymbol{r} - \boldsymbol{r}'}{|\boldsymbol{r} - \boldsymbol{r}'|^3} = \frac{q}{4\pi\varepsilon_0} \frac{\boldsymbol{r} - \boldsymbol{r}'}{|\boldsymbol{r} - \boldsymbol{r}'|^3}$$

を得る．

3-4 求める電場の中心軸に直交する成分は円周上のある点の電荷と円の中心をはさんでちょうど反対側に位置する電荷によって相殺されるので，電場は中心軸に平行な成分だけをもつ．

円周と題意の点との距離は $\sqrt{r^2 + a^2}$ なので，円周上の微小中心角 $\varDelta\theta$ の部分にある電荷 $\lambda a \varDelta\theta$ が題意の点に作る電場の大きさは式 (3.18) より

$$\varDelta E = \frac{1}{4\pi\varepsilon_0} \frac{\lambda a \varDelta\theta}{r^2 + a^2}$$

となる．中心軸に平行な成分は

$$\varDelta E \frac{r}{\sqrt{r^2 + a^2}} = \frac{1}{4\pi\varepsilon_0} \frac{\lambda a \varDelta\theta}{r^2 + a^2} \frac{r}{\sqrt{r^2 + a^2}} = \frac{\lambda a r \varDelta\theta}{4\pi\varepsilon_0 (r^2 + a^2)^{3/2}}$$

であるから，これを円周上で周回積分して

$$\oint \frac{\lambda ar}{4\pi\varepsilon_0(r^2+a^2)^{3/2}}\,\mathrm{d}\theta = \frac{\lambda ar}{4\pi\varepsilon_0(r^2+a^2)^{3/2}}\oint \mathrm{d}\theta = \frac{\lambda ar}{2\varepsilon_0(r^2+a^2)^{3/2}}$$

を得る．

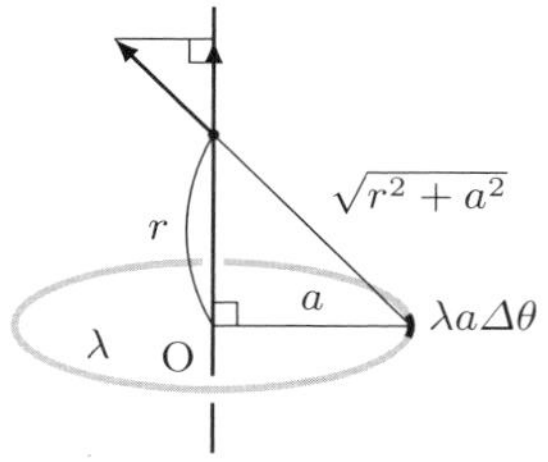

3-5 内側の導体球に Q，外側の球殻に $-Q$ の電荷を与えると電荷はそれぞれの導体の表面に一様に分布する．球殻の電荷が導体間に作る電場は，ガウスの法則より 0 になることがわかる．内側の導体球面の電荷が中心から距離 r の導体間に作る電場は，動線方向外向きを正として

$$E = \frac{1}{4\pi\varepsilon_0}\frac{Q}{r^2}$$

なので，導体間の電位差 V は

$$V = \int_a^b E\,\mathrm{d}r = \frac{Q}{4\pi\varepsilon_0}\int_a^b \frac{1}{r^2}\,\mathrm{d}r = -\frac{Q}{4\pi\varepsilon_0}\left(\frac{1}{b}-\frac{1}{a}\right) = \frac{Q}{4\pi\varepsilon_0}\frac{b-a}{ab}$$

となり，静電容量を C とおくと

$$C = \frac{Q}{V} = \frac{4\pi\varepsilon_0 ab}{b-a}$$

を得る．

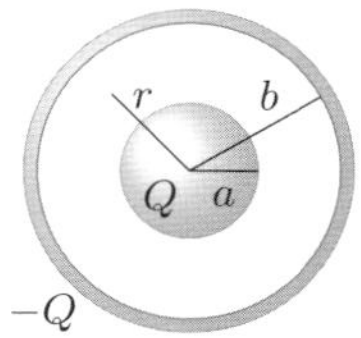

第4章

4-1 式 (3.20) より，原点にある電荷 $-q$，および位置 $\boldsymbol{\Delta d}$ にある電荷 q が位置 $\boldsymbol{r}$ に作る電場はそれぞれ

$$-\frac{q}{4\pi\varepsilon_0}\frac{\boldsymbol{r}}{r^3}, \quad \frac{q}{4\pi\varepsilon_0}\frac{\boldsymbol{r}-\boldsymbol{\Delta d}}{|\boldsymbol{r}-\boldsymbol{\Delta d}|^3}$$

と書けるので，重ね合わせの原理から電気双極子が位置 $\boldsymbol{r}$ に作る電場は

$$\boldsymbol{E}(\boldsymbol{r}) = \frac{q}{4\pi\varepsilon_0}\left(\frac{\boldsymbol{r}-\boldsymbol{\Delta d}}{|\boldsymbol{r}-\boldsymbol{\Delta d}|^3} - \frac{\boldsymbol{r}}{r^3}\right)$$

となる.

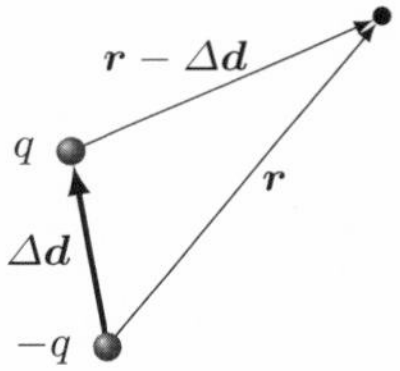

Δd の 2 乗以上の項を無視すると

$$\begin{aligned}\frac{1}{|\boldsymbol{r}-\boldsymbol{\Delta d}|^3} &= \{(\boldsymbol{r}-\boldsymbol{\Delta d})\cdot(\boldsymbol{r}-\boldsymbol{\Delta d})\}^{-3/2} \\ &\simeq \left(r^2 - 2\boldsymbol{r}\cdot\boldsymbol{\Delta d}\right)^{-3/2} \\ &= \frac{1}{r^3}\left(1+\frac{3\boldsymbol{r}\cdot\boldsymbol{\Delta d}}{r^2}\right)\end{aligned}$$

と展開できることから，$\boldsymbol{p} = q\boldsymbol{\Delta d}$ を用いて

$$\begin{aligned}\boldsymbol{E}(\boldsymbol{r}) &= \frac{q}{4\pi\varepsilon_0}\left\{\frac{1}{r^3}\left(1+\frac{3\boldsymbol{r}\cdot\boldsymbol{\Delta d}}{r^2}\right)(\boldsymbol{r}-\boldsymbol{\Delta d}) - \frac{\boldsymbol{r}}{r^3}\right\} \\ &\simeq \frac{q}{4\pi\varepsilon_0}\left\{\frac{1}{r^3}\left(\boldsymbol{r}-\boldsymbol{\Delta d}+\frac{3\boldsymbol{r}\cdot\boldsymbol{\Delta d}}{r^2}\boldsymbol{r}\right) - \frac{\boldsymbol{r}}{r^3}\right\} \\ &= \frac{1}{4\pi\varepsilon_0}\left(\frac{3\boldsymbol{r}\cdot\boldsymbol{p}}{r^5}\boldsymbol{r} - \frac{\boldsymbol{p}}{r^3}\right)\end{aligned}$$

を得る.

4-2 このキャパシターに電荷 Q を充電すると，極板間には一様な電束密度 $D = Q/S$ が生じる．このとき，誘電体外部，および内部の電場はそれぞれ $D/\varepsilon_0 = Q/\varepsilon_0 S$，$D/\varepsilon = Q/\varepsilon S$ なので，極板間の電位差は

$$V = \frac{Q(d-d')}{\varepsilon_0 S} + \frac{Qd'}{\varepsilon S} = \frac{Q}{S}\left(\frac{d-d'}{\varepsilon_0} + \frac{d'}{\varepsilon}\right) = \frac{Q}{S}\frac{\varepsilon(d-d') + \varepsilon_0 d'}{\varepsilon_0 \varepsilon}$$

となる．キャパシターの静電容量を C とおけば $Q = CV$ より

$$C = \frac{Q}{V} = \frac{\varepsilon_0 \varepsilon S}{\varepsilon(d-d') + \varepsilon_0 d'}$$

を得る．

4-3 このキャパシターに電圧 V をかけたとき，極板の 2 種類の誘電体の領域に蓄積される電荷をそれぞれ Q_1，Q_2 とおく．このとき，2 種類の誘電体内にはそれぞれ一様な電束密度 $D_1 = Q_1/kS$，$D_2 = Q_2/(1-k)S$ が生じるが，極板間の電位差はどこも等しいので電場の大きさ E は 2 つの領域で等しく

$$E = \frac{V}{d} = \frac{D_1}{\varepsilon_1} = \frac{D_2}{\varepsilon_2}$$

である．これより

$$Q_1 = \frac{k\varepsilon_1 SV}{d}, \quad Q_2 = \frac{(1-k)\varepsilon_2 SV}{d}$$

となるので，このキャパシターの静電容量を C とおくと

$$C = \frac{Q_1 + Q_2}{V} = \frac{\{k\varepsilon_1 + (1-k)\varepsilon_2\}S}{d}$$

を得る．

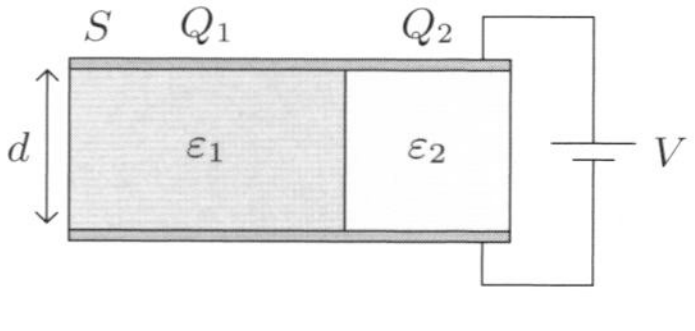

4-4 誘電体の表面に現れる分極電荷の電荷密度 $\boldsymbol{P} \cdot \boldsymbol{n}$ を用いて計算する代わりに，次のようにして考えると容易に求めることができる．

分極ベクトルが一様なので，誘電体内で電気双極子を作っている正電荷，負電荷はそれぞれ誘電体内で一様な電荷密度 ρ，$-\rho$ で分布しているとしてよい．ただし，電気双極子を作る正負の電荷の位置はわずかにずれており，単位体積あたりの電気双極モーメントの値が分極ベクトル $\boldsymbol{P}$ であることから，負電荷から正電荷の位置のずれを $\boldsymbol{d}$ とおけば

$$\boldsymbol{P} = \rho\,\boldsymbol{d}$$

の関係で表される．

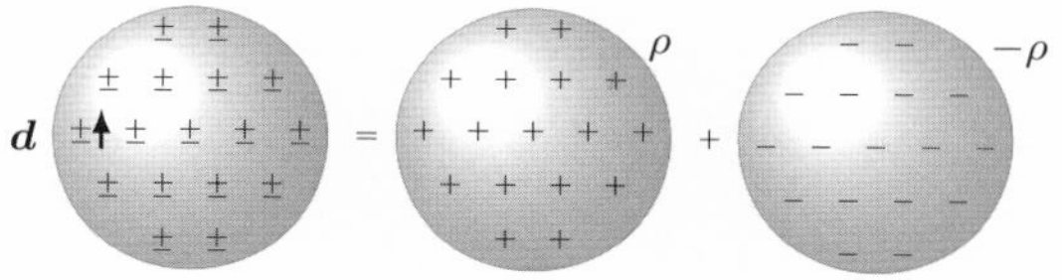

ここで，負電荷の重心を原点にとると，負電荷によって球体内の位置 $\boldsymbol{r}$ に作られる電場は式 (3.24) に $Q = -4\pi a^3\rho/3$ を代入して

$$\boldsymbol{E}^-(\boldsymbol{r}) = -\frac{\rho\,\boldsymbol{r}}{3\varepsilon_0}$$

となり，正電荷によって作られる電場は重心の位置のずれを考慮して

$$\boldsymbol{E}^+(\boldsymbol{r}) = \frac{\rho\,(\boldsymbol{r}-\boldsymbol{d})}{3\varepsilon_0}$$

となるので，合計の電場は

$$\boldsymbol{E}(\boldsymbol{r}) = \boldsymbol{E}^+(\boldsymbol{r}) + \boldsymbol{E}^-(\boldsymbol{r}) = -\frac{\rho\,\boldsymbol{d}}{3\varepsilon_0} = -\frac{\boldsymbol{P}}{3\varepsilon_0}$$

となる．

また，球体内に一様に分布した電荷がその外部に作る電場はすべての電荷が球の中心にあった場合に作られる電場として与えられるので，この誘電体の球が外部に作る電場は球の中心に置いた電気双極子モーメント

$$\boldsymbol{p} = \frac{4\pi a^3\rho}{3}\boldsymbol{d} = \frac{4\pi a^3}{3}\boldsymbol{P}$$

が作る電場と等しく

$$\boldsymbol{E}(\boldsymbol{r}) = \frac{1}{4\pi\varepsilon_0}\left(\frac{3\boldsymbol{p}\cdot\boldsymbol{r}}{r^5}\boldsymbol{r} - \frac{\boldsymbol{p}}{r^3}\right) = \frac{a^3}{\varepsilon_0}\left(\frac{\boldsymbol{P}\cdot\boldsymbol{r}}{r^5}\boldsymbol{r} - \frac{\boldsymbol{P}}{3r^3}\right)$$

となる．

4-5 球体内の分極ベクトルを $\boldsymbol{P}$ とおくと，前問の結果から球体内には $-\boldsymbol{P}/3\,\varepsilon_0$ の電場が作られる．よって，球体内の電場を $\boldsymbol{E}$ とおくと重ね合わせの原理から

$$\boldsymbol{E} = \boldsymbol{E}_0 - \frac{\boldsymbol{P}}{3\,\varepsilon_0}$$

となる．一方，球体内の電束密度 $\boldsymbol{D}$ は

$$\boldsymbol{D} = \varepsilon_0 \boldsymbol{E} + \boldsymbol{P} = \varepsilon \boldsymbol{E}$$

と表せるので，これらより分極ベクトル $\boldsymbol{P}$ を消去して電場 $\boldsymbol{E}$ を $\boldsymbol{E}_0$ で表すと

$$\boldsymbol{E} = \frac{3\,\varepsilon_0}{2\,\varepsilon_0 + \varepsilon}\boldsymbol{E}_0$$

となり

$$\boldsymbol{D} = \varepsilon \boldsymbol{E} = \frac{3\,\varepsilon\varepsilon_0}{2\,\varepsilon_0 + \varepsilon}\boldsymbol{E}_0$$

を得る．

第5章

5-1 式 (5.20) より電流 I_1 は電流 I_2 の位置に，紙面の表から裏の向きに大きさ

$$B = \frac{\mu_0 I_1}{2\pi d}$$

の磁束密度を作る．

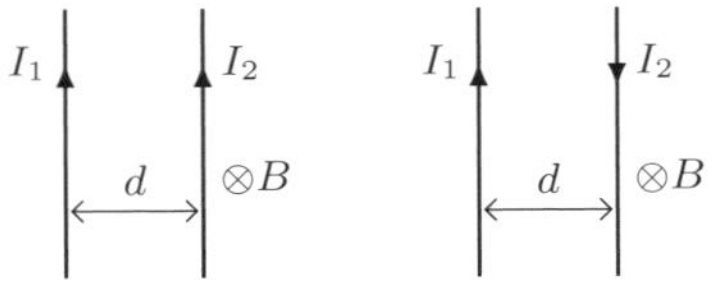

式 (5.16) より，電流 I_2 の長さ Δl の部分はこの磁束密度から大きさ

$$\Delta F = I_2 \Delta l B = I_2 \Delta l \frac{\mu_0 I_1}{2\pi d}$$

の力を受けるので，単位長さあたりの力の大きさは

$$\frac{\Delta F}{\Delta l} = \frac{\mu_0 I_1 I_2}{2\pi d}$$

である．その向きは，電流の向きから磁束密度の向きに右ねじを回したときのねじの進む方向であるから，電流 I_1，I_2 が同じ向きの場合は引力，反対向きの場合は斥力となる．

5-2 式 (5.43) より，左右のコイルが x 軸上の位置 x に作る磁束密度は，ともに x 軸方向正の向きで，大きさはそれぞれ

$$\frac{\mu_0 I a^2}{2\left\{a^2 + (x + d/2)^2\right\}^{3/2}}, \quad \frac{\mu_0 I a^2}{2\left\{a^2 + (d/2 - x)^2\right\}^{3/2}}$$

となる．ここで

$$f(x) = \left\{a^2 + (x + d/2)^2\right\}^{-3/2}$$

とおいてマクローリン展開によって x^2 の項まで求めると

$$\begin{aligned} f(x) &\simeq f(0) + f'(0)x + \frac{1}{2}f''(0)x^2 \\ &= \left(a^2 + \frac{d^2}{4}\right)^{-3/2} - \frac{3d}{2}\left(a^2 + \frac{d^2}{4}\right)^{-5/2} x + \frac{3}{2}\left(a^2 + \frac{d^2}{4}\right)^{-7/2} (d^2 - a^2)x^2 \end{aligned}$$

となり，同様に

$$g(x) = \left\{a^2 + (d/2 - x)^2\right\}^{-3/2}$$

に対しては

$$\begin{aligned} g(x) &\simeq g(0) + g'(0)x + \frac{1}{2}g''(0)x^2 \\ &= \left(a^2 + \frac{d^2}{4}\right)^{-3/2} + \frac{3d}{2}\left(a^2 + \frac{d^2}{4}\right)^{-5/2} x + \frac{3}{2}\left(a^2 + \frac{d^2}{4}\right)^{-7/2} (d^2 - a^2)x^2 \end{aligned}$$

となるので，重ね合わせの原理より x 軸上の磁束密度

$$\begin{aligned} B(x) &= \frac{\mu_0 I a^2}{2}\{f(x) + g(x)\} \\ &= \frac{\mu_0 I a^2}{2}\left\{2\left(a^2 + \frac{d^2}{4}\right)^{-3/2} + 3\left(a^2 + \frac{d^2}{4}\right)^{-7/2} (d^2 - a^2)x^2\right\} \end{aligned}$$

を得る．向きは x 軸方向正の向きである．

また $d=a$ が成り立つとき，x^2 の項が消えることから，磁束密度は原点付近で一様になることがわかる．

5-3 粒子の速度，加速度をそれぞれ $\boldsymbol{v}=(v_x, v_y, v_z)$，$\boldsymbol{a}(=\mathrm{d}\boldsymbol{v}\,/\,\mathrm{d}t)$ とおくと，粒子にはローレンツ力 $\boldsymbol{F}=q\boldsymbol{v}\times\boldsymbol{B}$ が加わるので運動方程式

$$m\boldsymbol{a}=q\boldsymbol{v}\times\boldsymbol{B}$$

が得られる．磁束密度 $\boldsymbol{B}$ の z 成分を B_z とおけば $\boldsymbol{v}\times\boldsymbol{B}=(v_yB_z, -v_xB_z, 0)$ より，運動方程式を成分ごとに分けて

$$m\frac{\mathrm{d}v_x}{\mathrm{d}t}=qv_yB_z, \quad m\frac{\mathrm{d}v_y}{\mathrm{d}t}=-qv_xB_z, \quad m\frac{\mathrm{d}v_z}{\mathrm{d}t}=0$$

となる．

まず 3 番目の式から $v_z=$ 一定 $=v_3$ が得られる．続いて，1 番目と 2 番目の式より

$$\frac{\mathrm{d}^2v_x}{\mathrm{d}t^2}=\frac{qB_z}{m}\frac{\mathrm{d}v_y}{\mathrm{d}t}=-\left(\frac{qB_z}{m}\right)^2v_x$$

が得られるので，初期値を満たす解を求めて

$$v_x=v_1\cos\omega t$$

となる．ここで $\omega=qB_z/m$ である．これを 1 番目の式に代入して

$$v_y=-v_1\sin\omega t$$

を得る．

さらに，粒子の座標を $\boldsymbol{r}=(x, y, z)$ とおけば初期値 $(x, y, z)=(0, 0, 0)$ より

$$x=\int_0^t v_x\,\mathrm{d}t=\frac{v_1}{\omega}\sin\omega t,$$
$$y=\int_0^t v_y\,\mathrm{d}t=\frac{v_1}{\omega}(\cos\omega t-1),$$
$$z=\int_0^t v_z\,\mathrm{d}t=v_3t$$

となる．これは z 軸方向の運動は等速運動であり，xy 平面上では点 $(0,-v_1/\omega)$ を中心とする半径 v_1/ω，角速度 ω の時計回りの等速円運動を表す．したがって，3 次元で見るとらせん運動をしていることがわかる．

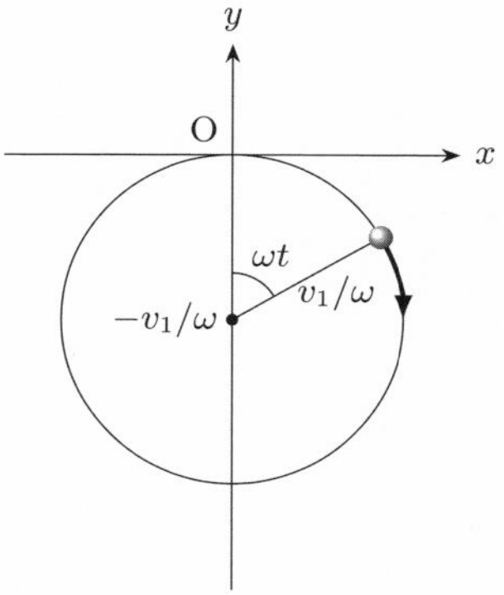

第6章

6-1 三角関数の 3 倍角の公式

$$\cos 3\theta = 4\cos^3\theta - 3\cos\theta, \quad \sin 3\theta = 3\sin\theta - 4\sin^3\theta$$

から

$$\cos^3\theta = \frac{3\cos\theta + \cos 3\theta}{4}, \quad \sin^3\theta = \frac{3\sin\theta - \sin 3\theta}{4}$$

が得られる．一方，この 2 式を両辺 θ で微分すれば

$$\cos^2\theta\sin\theta = \frac{\sin\theta + \sin 3\theta}{4}, \quad \sin^2\theta\cos\theta = \frac{\cos\theta - \cos 3\theta}{4}$$

が得られる．

ここで整数 $n \geq 1$ に対し

$$\int_0^{2\pi} \sin n\theta \, \mathrm{d}\theta = -\frac{1}{n}\cos n\theta \Big|_0^{2\pi} = 0,$$
$$\int_0^{2\pi} \cos n\theta \, \mathrm{d}\theta = \frac{1}{n}\sin n\theta \Big|_0^{2\pi} = 0$$

であるから，$\cos^3\theta$, $\sin^3\theta$, $\cos^2\theta\sin\theta$, $\sin^2\theta\cos\theta$ の θ に関する 0 から 2π までの積分はすべて 0 である．

6-2 式 (5.21) より

$$\boldsymbol{B} = \boldsymbol{\nabla} \times \boldsymbol{A} = \frac{\mu_0}{4\pi}\boldsymbol{\nabla} \times \frac{\boldsymbol{m} \times \boldsymbol{r}}{r^3} = \frac{\mu_0}{4\pi}\boldsymbol{\nabla} \times \left(\boldsymbol{m} \times \frac{\boldsymbol{r}}{r^3}\right)$$

を計算すればよい．

ナブラ $\boldsymbol{\nabla}$ は $\boldsymbol{m}$ には作用しないことに注意して，ベクトル解析の公式

$$\boldsymbol{\nabla} \times (\boldsymbol{\alpha} \times \boldsymbol{\beta}) = (\boldsymbol{\beta} \cdot \boldsymbol{\nabla})\boldsymbol{\alpha} - (\boldsymbol{\alpha} \cdot \boldsymbol{\nabla})\boldsymbol{\beta} - \boldsymbol{\beta}(\boldsymbol{\nabla} \cdot \boldsymbol{\alpha}) + \boldsymbol{\alpha}(\boldsymbol{\nabla} \cdot \boldsymbol{\beta})$$

を用いると

$$\boldsymbol{\nabla} \times \left(\boldsymbol{m} \times \frac{\boldsymbol{r}}{r^3}\right) = -(\boldsymbol{m} \cdot \boldsymbol{\nabla})\frac{\boldsymbol{r}}{r^3} + \boldsymbol{m}\left(\boldsymbol{\nabla} \cdot \frac{\boldsymbol{r}}{r^3}\right)$$

と変形できる．ここで

$$\frac{\partial}{\partial x}\frac{\boldsymbol{r}}{r^3} = \boldsymbol{r}\frac{\partial}{\partial x}\frac{1}{r^3} + \frac{1}{r^3}\frac{\partial \boldsymbol{r}}{\partial x} = -\frac{3x\boldsymbol{r}}{r^5} + \frac{\hat{\boldsymbol{x}}}{r^3}$$

などから（$\hat{\boldsymbol{x}}$ は x 軸方向正の向きの単位ベクトル）

$$(\boldsymbol{m} \cdot \boldsymbol{\nabla})\frac{\boldsymbol{r}}{r^3} = -\frac{3\boldsymbol{m} \cdot \boldsymbol{r}}{r^5}\boldsymbol{r} + \frac{\boldsymbol{m}}{r^3}$$

が導かれ，一方

$$\begin{aligned}
\boldsymbol{\nabla} \cdot \frac{\boldsymbol{r}}{r^3} &= \frac{\partial}{\partial x}\frac{x}{r^3} + \frac{\partial}{\partial y}\frac{y}{r^3} + \frac{\partial}{\partial z}\frac{z}{r^3} \\
&= \frac{3}{r^3} + x\frac{\partial}{\partial x}\frac{1}{r^3} + y\frac{\partial}{\partial y}\frac{1}{r^3} + z\frac{\partial}{\partial z}\frac{1}{r^3} \\
&= \frac{3}{r^3} - \frac{3(x^2 + y^2 + z^2)}{r^5} = 0
\end{aligned}$$

より

$$\boldsymbol{B} = \frac{\mu_0}{4\pi}\left(\frac{3\boldsymbol{m} \cdot \boldsymbol{r}}{r^5}\boldsymbol{r} - \frac{\boldsymbol{m}}{r^3}\right)$$

を得る．

6-3 円電流の中心の位置を $\boldsymbol{R}$ とおくと電流素片 $I\Delta \boldsymbol{l}'$ の位置は $\boldsymbol{R} + \boldsymbol{r}'$ なので，電流素片に加わる原点周りの力のモーメントは

$$\Delta \boldsymbol{N} = I(\boldsymbol{R} + \boldsymbol{r}') \times (\Delta \boldsymbol{l}' \times \boldsymbol{B}')$$

となる．円電流全体で周回積分をして

$$
\begin{aligned}
\boldsymbol{N} &= I\oint(\boldsymbol{R}+\boldsymbol{r}')\times(\mathrm{d}\boldsymbol{l}'\times\boldsymbol{B}') \\
&= I\boldsymbol{R}\times\oint(\mathrm{d}\boldsymbol{l}'\times\boldsymbol{B}') + I\oint\boldsymbol{r}'\times(\mathrm{d}\boldsymbol{l}'\times\boldsymbol{B}')
\end{aligned}
$$

右辺第 1 項は円電流に加わる力 $\boldsymbol{F}$ (6.18) を用いて

$$
I\boldsymbol{R}\times\left(\oint\mathrm{d}l'\times\boldsymbol{B}'\right) = \boldsymbol{R}\times\boldsymbol{F}
$$

と書けるので，円電流全体を原点の周りに回転させる力のモーメントを表している．一方，第 2 項は式 (6.23) を円電流全体で周回積分したものなので，円電流の中心周りの力のモーメント (6.26) である．以上で題意は示された．

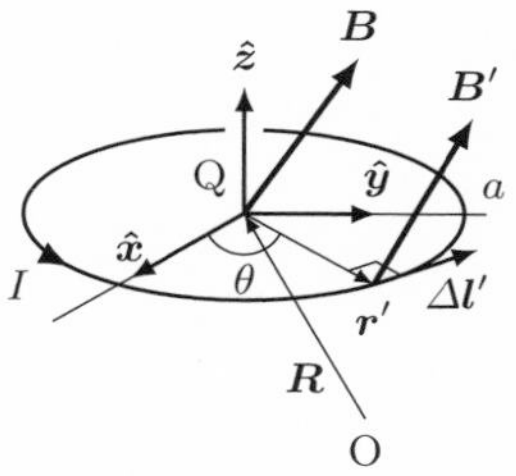

6-4 コイルは一様に巻かれているので，円環の中心軸上の磁場は中心軸に平行で，その大きさはどの位置も等しいとしてよい．閉曲線を中心軸にとれば，閉曲線内を流れる電流の合計は NI であるから，磁場に関するアンペールの法則 (6.42) より

$$
2\pi aH = NI
$$

となり

$$
H = \frac{NI}{2\pi a}
$$

を得る．

第7章

7-1 時刻 $t > 0$ において回路を長さ b の辺側から見ると図のようになる．これより回路を貫く磁束は

$$\Phi = Bab\cos\omega t$$

と表されるので，AB 間に現れる誘導起電力は

$$V^{\mathrm{e}} = -\frac{\mathrm{d}\Phi}{\mathrm{d}t} = \omega Bab\sin\omega t$$

となる．

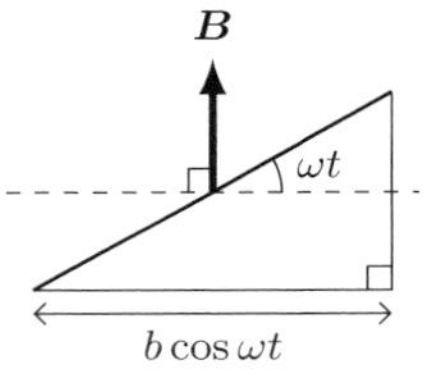

7-2 このトロイダルコイルに電流 I を流したときに円環内にできる磁場は

$$H = \frac{NI}{2\pi a}$$

なので磁束密度は

$$B = \mu H = \frac{\mu NI}{2\pi a}$$

となる．よってトロイダルコイルを貫く磁束 Φ は

$$\Phi = NBS = \frac{\mu N^2 SI}{2\pi a}$$

となり，電流 I が変化したときに発生する誘導起電力は

$$V^{\mathrm{e}} = -\frac{\mathrm{d}\Phi}{\mathrm{d}t} = -\frac{\mu N^2 S}{2\pi a}\frac{\mathrm{d}I}{\mathrm{d}t}$$

と表されるので

$$L = \frac{\mu N^2 S}{2\pi a}$$

を得る．

7-3 大きなソレノイドに電流 I を流すと，その内部には中心軸方向に一様な磁束密度

$$B = \mu_0 n I$$

が発生する．よって，小さなソレノイドを貫く磁束 Φ は

$$\Phi = NBS = N\mu_0 n I S$$

となり，電流 I が変化したときに発生する誘導起電力は

$$V^{\mathrm{e}} = -\frac{\mathrm{d}\Phi}{\mathrm{d}t} = -\mu_0 n N S \frac{\mathrm{d}I}{\mathrm{d}t}$$

と表されるので

$$M = \mu_0 n N S$$

を得る．

7-4 題意から

$$V_1 = -N_1 \frac{\mathrm{d}\Phi}{\mathrm{d}t} = V_1^0 \sin\omega t$$

が成り立つので

$$\frac{\mathrm{d}\Phi}{\mathrm{d}t} = -\frac{V_1^0}{N_1}\sin\omega t$$

となる．磁束は鉄心から漏れ出ないので

$$V_2 = -N_2 \frac{\mathrm{d}\Phi}{\mathrm{d}t} = \frac{V_1^0 N_2}{N_1}\sin\omega t = V_2^0 \sin\omega t$$

より，

$$\frac{V_2^0}{V_1^0} = \frac{N_2}{N_1}$$

を得る．

参考文献

[1] 沼居貴陽：「大学生のためのエッセンス 電磁気学」, 共立出版 (2010).

[2] 小宮山進, 竹川敦：「マクスウェル方程式から始める 電磁気学」, 裳華房 (2015).

[3] Arfken, G.: *"Mathematical Methods for Physicists"*, Academic Press, third edition (1985).

[4] Jackson, J. D.: *"Classical Electrodynamics"*, Wiley & Sons, third edition (1999).

[5] ファインマン, レイトン, サンズ, 宮島龍興（訳）：「ファインマン物理学 III 電磁気学」, 岩波書店 (1986).

索引

【アルファベット】

A（アンペア） …… 84

C（クーロン） …… 6, 85

F（ファラッド） …… 59

H（ヘンリー） …… 139

T（テスラ） …… 7, 133

V（ボルト） …… 43

Wb（ウェーバー） …… 133

【あ】

アンペールの法則 …… 90, 91
　　磁場に対する— …… 125
位相 …… 159
引力 …… 38
渦 …… 25
運動方程式
　　ニュートンの— …… 1, 3
永久磁石 …… 127
エネルギー
　　コイルがもつ— …… 143
　　平行平板キャパシターがもつ— 60
エネルギー密度
　　磁場の— …… 145
　　電磁場の— …… 145
　　電場の— …… 63
演算子 …… 19
円電流 …… 101

【か】

界 …… 15
外積 …… 4, 7, 11
回転 …… 24
回路 …… 132
ガウス
　　—の定理 …… 34
　　—の法則 …… 35
　　　電束密度に対する— …… 77
角運動量 …… 14
角周波数 …… 160
角振動数 …… 160
重ね合わせの原理 …… 42, 44
基準点
　　電位の— …… 44
起電力 …… 57, 132
キャパシター …… 57
　　同心球— …… 64
　　平行平板— …… 56, 137
　　　誘電体が充填された— …… 78
キャパシタンス …… 59
強磁性 …… 126
　　—体 …… 126
極性分子 …… 71
極板 …… 57
偶力 …… 70, 118
クーロン
　　—ゲージ …… 93

—の法則 …… 38
—力 …… 37
屈折率 …… 158
絶対— …… 158
ゲージ
—条件 …… 93
—変換 …… 93
スカラーポテンシャルに対する— …… 149
原子 …… 120
原子核 …… 120
コイル …… 139
光速
真空中の— …… 145, 157
物質中の— …… 157
勾配 …… 19
コンデンサー …… 57
平行平板— …… 56

【さ】

サイクロトロン運動 …… 108
磁荷 …… 84
磁化 …… 120
残留— …… 127
磁化率 …… 124
常磁性体の— …… 126
反磁性体の— …… 126
磁気双極子 …… 112
—が磁場から受ける力 …… 117
—モーメント …… 112
磁気モーメント …… 112, 120
自己インダクタンス …… 139
ソレノイドの— …… 140
自己誘導 …… 139
磁性体 …… 125
磁束 …… 133, 136
磁束線 …… 83, 133
磁気双極子が作る— …… 113
磁束密度 …… 5, 7, 83
円電流が作る— …… 102
磁気双極子が作る— …… 113
ソレノイド内部の— …… 106
電流が作る— …… 97
電流素片が作る— …… 98
無限に長い直線電流が作る— …… 91, 100
磁場 …… 5, 83, 124
—の強さ …… 5
周回積分 …… 26
自由空間 …… 153
充電 …… 57
自由電荷 …… 54
自由電子 …… 54
循環 …… 25
常磁性 …… 125
常磁性体 …… 125, 158
真電荷 …… 71
—の電荷量 …… 77
真電流 …… 123
吸い込み …… 23
スカラー …… 15
—積 …… 9
—場 …… 15
ストークスの定理 …… 49
正極 …… 57
正弦波 …… 159
静磁場 …… 83
静電場 …… 31
静電誘導 …… 55
静電容量 …… 59
平行平板キャパシターの— …… 59
誘電体が充填された場合の— …… 79
斥力 …… 38
絶縁体 …… 71
線積分 …… 26
線密度 …… 39
線要素 …… 25
相互インダクタンス …… 142
相互誘導 …… 140
素電荷 …… 6
ソレノイド …… 102, 139

【た】

体積要素 …… 34
力のモーメント …… 14, 70
磁気双極子が磁場から受ける— 118

電気双極子が電場から受ける— 70
電圧 …… 57
電位 …… 43
電気双極子が作る— …… 66
点電荷が作る— …… 44
電位差 …… 47
2 点間の— …… 50
電荷 …… 6
—保存則 …… 85
電荷密度 …… 5
真電荷の— …… 75
全— …… 75
電気感受率 …… 72
電気双極子 …… 65, 71
—が電場から受ける力 …… 69
—モーメント …… 65
電気素量 …… 6, 120
電気容量 …… 59
電気力線 …… 52, 83
電気双極子が作る— …… 67
電磁波 …… 157
電磁誘導 …… 126, 132, 136
電束線 …… 78
電束密度 …… 5, 31, 76
—と電場との関係 …… 31, 76
—の境界条件 …… 81
点電荷が作る— …… 77
電池 …… 57
点電荷 …… 6
電場 …… 5, 6, 31
—と電束密度との関係 …… 31, 76
—の境界条件 …… 80
—の強さ …… 5
球状に分布した電荷が作る— … 38
帯電した導体球が作る— …… 55
直線上に分布した電荷が作る— 39
電気双極子が作る— …… 67
点電荷が作る— …… 36, 37
分布した電荷が作る— …… 42
平行平板キャパシターが作る— 57
平板上に分布した電荷が作る— 40
電流 …… 84
微小曲面を流れる— …… 86
電流素片 …… 88
—が磁場から受ける力 …… 89
電流密度 …… 5, 84
等高線 …… 15
透磁率 …… 124
真空の— …… 83, 157
導体 …… 54
等電位面 …… 51
トルク …… 14
トロイダルコイル …… 130

【な】

内積 …… 4, 9
ナブラ …… 17, 22

【は】

場 …… 15
波数 …… 160
波数ベクトル …… 160
波長 …… 160
発散 …… 22
波動方程式 …… 153
波面 …… 157
反磁性 …… 126
—体 …… 126, 158
ビオ・サバールの法則 …… 97, 98
非極性分子 …… 71
ヒステリシス曲線 …… 127
比透磁率 …… 124
比誘電率 …… 76, 158
ファラデー
—の電磁誘導の法則 …… 136
—の法則 …… 136
負極 …… 57
分極電荷 …… 71
—の体積密度 …… 75
—の表面電荷密度 …… 73, 74
分極ベクトル …… 72
分子 …… 120
分子電流 …… 121
—の電流密度 …… 123
閉回路 …… 132
平面波 …… 157

ベクトル ……1, 9
　—積 ……11
　—場 ……15
　縦— ……163
ベクトルポテンシャル ……92
　磁気双極子が作る— ……114
　電流が作る— ……95
ヘルムホルツコイル ……107
変位電流 ……139
偏導関数 ……16
偏微分 ……16
ポアソン方程式 ……45, 94
　—の解 ……46
ポインティングベクトル ……146
法線ベクトル ……32
ポテンシャル
　スカラー— ……43
　静電— ……43
ポテンシャルエネルギー ……47
　磁気双極子がもつ— ……120
　電荷がもつ— ……47
　電気双極子がもつ— ……68
ボルト ……43

【ま】

マクスウェル方程式 ……4, 5
　時間微分を含む— ……131
　真空中の— ……147
　静磁場に関する— ……83
　静電場に関する— ……32
面積要素 ……34, 135
面密度 ……40

【や】

誘電体 ……71
誘電分極 ……71
誘電率 ……76
　真空の— ……31, 157
誘導起電力 ……132, 133, 136
　ローレンツ力による— ……135
誘導電荷 ……55
誘導電場 ……131
横波 ……158

【ら】

ラプラス方程式 ……45
ループ電流 ……101
連続方程式
　電荷と電流の— ……87
レンツの法則 ……126, 136
ローレンツ
　—ゲージ ……149
　—条件 ……149
　—力 ……7, 133

【わ】

湧き出し ……23

著者紹介

水田智史（みずた さとし）

略歴

1988 年東北大学理学部物理学科卒、同大学大学院理工学研究科原子核理学専攻博士前期課程、同後期課程修了後、1993 年弘前大学理学部助手、同大学総合情報処理センター助教授、同大学理工学部助教授を経て、2007 年同大学大学院理工学研究科准教授、現在に至る。博士（理学）

主著

「オープンソースソフトウェアによる情報リテラシー（第 2 版）」（共著）共立出版（2013)、「アルゴリズムとデータ構造（未来へつなぐ デジタルシリーズ 10)」（共著）共立出版（2012）

学会等

日本物理学会員、情報処理学会員、IEEE 会員、日本バイオインフォマティクス学会員

プログレッシブ電磁気学
-マクスウェル方程式からの展開-
(Progressive Electromagnetism)

2021 年 2 月 10 日　初版 1 刷発行

著　者　水田智史　©2021

発行者　南條光章

発行所　**共立出版株式会社**
東京都文京区小日向 4-6-19
電話 03-3947-2511（代表）
郵便番号 112-0006
振替口座 00110-2-57035
www.kyoritsu-pub.co.jp

印　刷　加藤文明社

製　本　協栄製本

検印廃止
NDC 427

ISBN 978-4-320-03612-3

一般社団法人
自然科学書協会
会員

Printed in Japan